旱区寒区水利科学与技术系列学术著作

渠道冻胀工程力学

王正中　肖旻　著

中国水利水电出版社
www.waterpub.com.cn

·北京·

内 容 提 要

以渠道工程为主体的国家大水网是我国水安全的根本保障，强辐射极干旱特寒冷的严酷环境直接威胁着"脆弱"的渠道工程全生命周期的安全，制约了西部引调水工程的健康发展。

本书基于冻土力学、工程力学及弹性地基梁理论，建立了衬砌渠道冻胀破坏的工程力学模型，探明了冻土与衬砌相互作用机理及冻胀变形不协调产生的冻胀力与冻结力互生平衡规律，以及结构抗力缺陷导致强度、刚度、稳定失效的连锁反应的渠道冻胀破坏力学机理；研究了冬季冰盖输水渠道冰冻破坏力学模型；进一步提出了渠道衬砌结构冻胀力及结构内力应力与强度、冻胀变形的计算方法，为旱寒区渠道防冻胀的科学分析、设计建设与运行管理提供理论指导。主要包括渠道冻胀破坏机理、渠道冻胀的试验基础、线性和非线性分布冻胀力的渠道冻胀结构力学模型、考虑冻土与衬砌结构之间相互作用的弹性地基模型以及考虑冰盖生消过程的渠道弹性地基梁模型。

本书可供从事寒区水利工程及土建工程的科技人员和高等院校、科研机构相关专业技术人员、研究生学习参考。

图书在版编目（CIP）数据

渠道冻胀工程力学 / 王正中，肖旻著. -- 北京：
中国水利水电出版社，2022.8
（旱区寒区水利科学与技术系列学术著作）
ISBN 978-7-5226-0942-3

Ⅰ．①渠… Ⅱ．①王… ②肖… Ⅲ．①渠道－冻胀力
－研究 Ⅳ．①U61

中国版本图书馆CIP数据核字(2022)第153223号

书　　　名	旱区寒区水利科学与技术系列学术著作 **渠道冻胀工程力学** QUDAO DONGZHANG GONGCHENG LIXUE
作　　　者	王正中　肖旻　著
出 版 发 行	中国水利水电出版社 （北京市海淀区玉渊潭南路 1 号 D 座　100038） 网址：www.waterpub.com.cn E-mail：sales@mwr.gov.cn 电话：(010) 68545888（营销中心）
经　　　售	北京科水图书销售有限公司 电话：(010) 68545874、63202643 全国各地新华书店和相关出版物销售网点
排　　　版	中国水利水电出版社微机排版中心
印　　　刷	清淞永业（天津）印刷有限公司
规　　　格	184mm×260mm　16 开本　8.75 印张　213 千字
版　　　次	2022 年 8 月第 1 版　2022 年 8 月第 1 次印刷
定　　　价	**58.00 元**

前　言

　　新中国成立以来，我国水利工程建设特别是近年来高坝大库及大中型泵站建设都取得了国际公认的技术成就，形成了系统的理论成果，足以应对各类复杂条件和超标准规模的建设难题。然而，我国水资源南北分布极不平衡，而北方因缺水造成严酷脆弱的生态环境及近 40 亿亩土地未利用或荒漠化。因此，以渠道工程为主体的大规模调水工程和灌区更新改造及河湖连通等将是以后一个时期国家大水网建设的重点。作为输水主体的渠道工程，因其单体规模与高坝大库相比较小，在设计、分析与安全评价理论方面存在短板及缺陷，但从总体上和整体工程效益发挥及安全运行上看则是非常重要的。传统的渠道建设与改造工程所依据的行业规范多依据已有工程的建设经验制定，标准偏低且与整体工程标准不配套，更缺乏系统的力学理论体系，特别是在西部强辐射、极干旱、特寒冷的严酷环境和高标准、大规模、长距离输水条件下的国家大水网建设中，因冻融作用而产生的河渠衬砌护岸破坏、渗漏、渠坡滑塌是威胁河渠安全的主要灾害，缺乏理论体系支撑势必无法满足复杂水文地质及气象环境下大型渠道安全及高效运行的要求。因此，作为水资源输送的"国家水网"主体的河渠工程安全寿命与高效运行，只有与渠首的水工枢纽、大泵站等水利工程的设计理论体系及标准体系相配套，才能消除国家大水网"最后一公里"建设的理论问题。犹如人体血管出现的堵塞、破裂和萎缩而造成的机体瘫痪，河渠工程的破坏将导致整个调水线路瘫痪和灌区运行的失效，同样威胁国家水安全及水资源的高效利用。

　　我国北方绝大部分是季节性冻土分布区域，约占国土面积的 53.5%（以下称为旱寒区），气候地质条件复杂，其中季节性低温为 −40～−10℃，高频短周期突变温差为 10～50℃，广布湿陷性黄土、膨胀土、分散性土、溶陷性土以及冻胀敏感性土等特殊土，地质条件差异大，同时亦有严酷、荒漠、无人区等环境恶劣地区。输水渠道直接暴露于这些恶劣自然环境中，导致防渗衬砌耐久性降低、极速劣化、破坏事故频发。尤其是受季节冻土影响，土体冻融造成的冻胀融沉交替频繁，是造成渠道衬砌开裂、错动、鼓胀、脱空乃至整体滑塌破坏的罪魁祸首，致使其行水功能效益严重降低，渗漏损失量大及由此引起相邻工程事故及基础设施损毁，增加了工程后期的运行维护成本，制约了北方水利工程效益的发挥。

本书针对旱寒区存在的衬砌渠道冻胀破坏的普遍问题，在系统总结本书研究成果基础上综合国内外相关研究成果，并进行深入系统的分析研究、凝练升华而成。通过提出寒区输水渠道冻胀破坏理论以及相应的工程力学计算模型，进而运用数学分析方法对该模型进行求解，最终得到量化表征渠道系统在严酷环境下的力学响应及变化规律。以期实现渠道工程冻胀受力变形破坏与相应防治措施效果的分析及预测，建立全面、准确、定量的科学分析方法和合理的防冻胀设计理论，指导旱寒区渠道工程安全高效建设与运行管理。

本书得到多项国家自然科学基金、省部级专项基金的资助，包括"十三五"国家重点研发计划（2017YFC0405100）"高寒区长距离供水工程能力提升与安全保障技术"部分研究成果、国家自然科学基金（51279168）"冻土水热力三场动态耦合的衬砌渠道冻胀破坏模型研究"、国家自然科学基金项目（U2003108）"基于冻融稳定与冲淤平衡的仿自然型输水渠道结构优化研究"、陕西省水利科技重大专项（SXSL2011－03）"衬砌渠道防渗抗冻胀'自适应'结构及标准化研究"、陕西农业科技攻关项目（2011NXC01－20）"渠道防渗抗冻胀技术标准化研究与示范"、冻土工程国家重点实验室项目（SKLFSE201105）"考虑水热力三场耦合的衬砌渠道冻胀模拟研究"、教育部博士点基金"考虑太阳辐射的非对称衬砌渠道冻胀破坏机理研究"。本书出版得到西北农林科技大学学科群建设基金的资助，在此谨向学校、学科群和"双一流"办公室表示衷心的感谢。

本书在编写过程中得到本团队所有同仁的大力支持和帮助，特别是葛建锐、龚佳伟、李理想、郭明四位同学做了大量的工作，在此表示衷心的感谢。由于作者水平所限，书中难免有错误及不足之处，敬请读者批评指正。

王正中

2021 年 9 月

目 录

第1章 渠道冻胀工程力学概述

1.1 渠道冻胀工程力学的背景

随着经济社会的快速发展，水资源短缺已成为制约世界各国经济社会发展的瓶颈。1977年在阿根廷召开的联合国水会议上，联合国把水资源问题提到全球的战略高度来考虑，自1993年起确定每年的3月22日为"世界水日"。联合国《二十一世纪议程》中提出："淡水是一种有限资源，不仅为维持地球上一切生命所必需，且对一切社会经济部门都具有生死攸关的重要意义"。因此，对于缺水的国家和地区，如何使有限的水资源得到充分的利用，是解决水资源紧缺的重要措施，世界各国都积极采取措施保护水资源，建设节水型社会，发展节水型农业。

我国水资源总量约为2.8万亿m^3，居世界第六位，但由于人口占全世界总人口的19%，人均占有水资源量只有约2100 m^3，仅为世界平均值的1/4；中国已被联合国列入全世界人均水资源为贫水的13个国家之一。同时我国水资源南北、东西分布极不均衡，南涝北旱、东多西少的现象不断加剧。土地广袤的北方地区拥有着与其极不匹配的稀缺水资源，尤其在西北地区这种现象更为显著。在我国北方地区特别是西北地区，水资源短缺造成了一系列后续问题，如土地荒漠化和盐碱化日益严重、粮食安全问题、生态环境脆弱等。这些问题严重制约了北方地区人口、经济、科技的发展，已成为制约中华民族生存发展的严峻挑战。

为有效调和水资源供需矛盾，实现水资源高效、合理配置，促进水利现代化和区域经济社会的高质量发展，全面贯彻习近平总书记"节水优先，空间均衡，两手发力，系统治理"的治水思路，北方各大灌区的节水改造工程、黑龙江"三江平原"等新建灌区输配水工程、南水北调等长距离跨流域调水工程、河湖连通生态保护工程等国家大水网的建设正在持续推进，其中最主要的工程建筑物为输水渠道。

渠道为人工修建用于从水源取水并输送到灌区或供配水点的输水通道，即人工河。因其造价低、输水效率高、施工简单、易于管理等优点，而成为灌区或长距离调水工程的主要输水方式。新中国成立后，我国北方大型灌区建设、长距离调水工程得到了长足发展，截至2017年年底，我国灌区的灌溉面积已达7395万hm^2，万亩以上灌区数量达7839处，干支渠道总长度超过80万km；南水北调的"东线、中线、西线"调水工程勾连长江、黄河、淮河、海河四大江河，构成了我国"三纵四横、南北调配、东西互济"的大水网，其中东中线一期主体工程已顺利通水7周年，累计调水量约494亿m^3，各类调水工程的渠道总长度超过20万km，形成了合理调配水资源的大动脉。在此基础上延伸出的各类斗、农、毛渠及配水管网等，构成了水资源配送的"毛细血管"，由此形成的"血脉网"构筑了经济社会发展的生命线，浇灌着中华民族的经济命脉和民生命脉，滋润了北方旱区寒区赖以维系的生态，哺育了北方的河流和大地新生命，为我国人民幸福生活、生态文明的建设及工农业生产的快速发展奠定了坚实基础。

但是，我国北方寒区同时也是季节性冻土分布区域，约占国土面积的 53.5%，气候地质条件复杂，其中季节性低温为 $-40\sim10℃$，高频短周期突变温差为 $10\sim50℃$，存在膨胀土、分散性土等特殊土，地质条件差异大，同时亦有荒漠、无人区等环境恶劣地区。输水渠道直接暴露于这些恶劣自然环境中，导致防渗衬砌耐久性降低、破坏事故频发。尤其受季节冻土影响，土体冻融造成的冻胀融沉交替频繁，造成了渠道衬砌的开裂、错动、鼓胀、脱空乃至整体滑塌，致使其行水功能降低，渗漏严重，增加了工程后期的运行维护成本，制约了北方水利工程效益的发挥。分布着众多 5 万 hm^2 以上的灌区及重大引调水工程；然而该区域的衬砌渠道冻胀破坏普遍且严重，表现出鼓胀和隆起，严重时发生翘起、脱空或失稳滑塌等破坏形式（图 1.1），已成为制约旱寒区渠道建设的首要难题。据统计，黑龙江省某大型灌区支渠以上渠系的 83% 以上的工程数均存在不同程度的冻胀破坏，吉林省某大型灌区冻胀破坏工程数占比为 39.4%，新疆的北疆渠道半数以上的干、支渠，青海万亩以上灌区的 50%～60%，以及宁夏、陕西关中地区、甘肃等地亦存在严重的冻害问题，给渠道的安全运行带来了极大挑战。由此可见，渠道混凝土衬砌冻害机制及防治措施研究既有紧迫的现实需要，又有重要的实践意义。

图 1.1　混凝土衬砌渠道的冻胀破坏

目前，我国水利工程中针对调水及灌溉的水源地的高坝大库及大中型泵站建设都取得了极高的技术成就，形成了系统的理论成果及单独的标准体系，足以应对各类复杂水文地质条件、极端环境下和超标准规模的建设难题。然而，作为"国家大水网"主体的河渠工程，其设计、分析与安全评价理论存在短板，传统的河渠建设与改造工程所依据的行业规范多依据已有工程的建设、观测经验制定。由于缺乏系统的力学理论，在高标准、大规模和特殊环境下的新建工程中，现有经验无法满足复杂水文地质及气象环境下和极端工况下渠道安全及高效运行的要求，因冻胀破坏作用而产生的河渠护岸衬砌破坏是威胁河渠正常运行的主要灾害之一。作为"国家大水网"主体的河渠工程如果不能安全高效运行，犹如人体血管出现的堵塞、破裂和萎缩而造成机体瘫痪，必将导致整个调水系统瘫痪，威胁我国的水资源安全高效利用。

本书从这个角度出发提出渠道冻胀工程力学这一新型学科，利用渠道冻胀工程力学来准确地分析预测寒区输水渠道在各种恶劣低温环境下的冻胀破坏规律，为在建设渠道工程及已建渠道维护管理和预防渠道冻胀破坏等方面，提供技术支撑和科技引领，推进我国渠道输水工程科技水平的不断健康发展。

本书在编写中遵循以下原则：

（1）系统性。以工程力学方法、弹性地基梁模型等基本力学理论在渠道冻胀分析的发展作为基线贯穿全书，形成全书各章内容的逻辑体系。

（2）先进性。除必要的基本知识以外，内容力求反映近十年来国内和国际的最新成就。

（3）实用性。第1～第4章系统介绍渠道冻胀工程力学的基本方法，使读者通过循序渐进的学习，掌握渠道冻胀工程力学分析问题的基本原理以及分析方法的灵活运用；第5、第6章则将不同的力学模型分别结合工程案例专题分析讨论相关行之有效的技巧，以帮助读者提高分析实际工程问题的能力。

1.2　渠道冻胀工程力学的研究目的及意义

以往的寒旱区工程实践中渠道防冻工程设计经常依赖工程实践经验和定性认识，缺乏系统、定量的理论指导，具有一定的随意性和盲目性，迫切需要更加科学、可靠且易于推广的设计、计算方法。此外，尽管应用有限元等数值模拟方法也已有相关研究，但由于边界条件复杂，分析过程烦琐，工程中仍需要更加简捷、实用且便于推广应用的方法。本书对新疆塔里木灌区、甘肃景泰灌区及陕西宝鸡峡灌区等北方灌区衬砌渠道冻害情况的调查结果表明，渠道混凝土衬砌结构多因强度不足（如抗拉强度不足引起衬砌拉裂、抗剪强度不足引起板间错动等）、刚度不足（如局部变形过大引起衬砌板鼓胀、隆起等）、冻结约束失效（翘起、脱空等）或稳定性不佳（如失稳滑塌等）导致破坏，这正与冻胀工程力学分析方法的研究任务相契合。

渠道冻胀工程力学的任务在于通过材料力学的计算分析来认识冻土地基与渠道工程结构之间相互作用，提出一套旱寒区渠道防渗衬砌工程结构计算方法和安全评价体系，为确保寒区渠系工程安全经济的建设与运行提出科学合理而经济的解决方案。近代力学体系的发展，以及对土体冻胀工程力学认识的不断深入，使得科学准确解决复杂土质条件、温度条件、不同地下水条件及荷载条件下的渠道冻胀破坏工程安全问题成为可能；渠道冻胀工程力学就是在总结近20年来这一领域中的研究成果的基础上而建立起来的一门新的应用冻土力学分支学科。

本书以冻土学、冻土力学、冻土物理学等冻土科学基本理论为基础，结合长期以来大量工程实践与科学试验成果，应用工程力学方法，研究寒区混凝土衬砌渠道在冻胀荷载与环境因素影响下的力学响应，建立混凝土衬砌渠道冻胀工程力学模型，求得不同结构形式、不同气候、水分、土质条件下衬砌结构应力、位移的定量分析，建立相应的冻胀破坏判断准则，对结构抗冻性能进行评估，有利于科学合理设计新型渠道衬砌结构，有利于针对渠道衬砌体冻胀应力与冻胀变形分布规律正确选择安全有效的工程措施，确保我国寒区水网主体渠道工程全生命周期的安全与健康高效运行，科学指导寒区大型渠道工程的防冻胀设计、建设与运行。

1.3　渠道冻胀工程力学的研究内容

随着我国大水网建设的不断推进，大型跨流域调水工程及灌区建设与现代化改造将会越来越多，其工程建设规模和复杂程度也将与日俱增，特别是面对北方冬季严寒、夏季酷热、暴雨集中、地震多发、渠基特殊土地质条件差等，大型渠道工程全生命周期的安全高效服役，将直接决定着我国水安全及经济社会健康发展，极有必要建立支撑国家大水网建设重大需求的渠道工程安全建设、健康运行的分析理论体系及设计方法。主要是考虑外界水热环境变化，以及渠基特殊土力学与变形性能，在经典的力学冻胀理论框架基础上，建立渠道冻胀工程力学分析模型，掌握渠道系统衬砌结构中应力场、变形场的动态演化规律及其材料性能劣化与结构破坏过程，建立渠道衬砌破坏准则，揭示设计工况及极端环境下渠道冻胀破坏机理及冻土与结构之间相互作用力的变化规律，依据破坏机理提出科学的防治技术确保工程安全健康。主要研究内容如下：

（1）研究渠道冻胀工程力学的试验基础，通过封闭系统与开放系统条件下的土体冻胀等试验，研究冻土冻胀机理与冻胀力、冻结力计算方法。

（2）研究线性分布冻胀力的渠道冻胀结构力学模型。分析线性渠道冻胀工程力学模型的基本框架；采用材料力学方法，尝试建立现浇混凝土衬砌梯形渠道冻胀破坏力学模型、弧形底梯形渠道冻胀破坏力学模型。并引入断裂损伤力学，研究如何将断裂损伤力学方法应用于渠道冻胀工程力学模型中来分析衬砌开裂情况，从而建立基于断裂力学理论的渠道冻胀破坏力学模型。

（3）研究非线性分布冻胀力的渠道冻胀结构力学模型。通过分析非线性渠道冻胀工程力学模型的基本框架，采用材料力学方法，结合实际工程需要，尝试建立小型、大型现浇混凝土和预制混凝土衬砌梯形渠道冻胀工程力学模型，以及曲线形断面衬砌渠道冻胀工程力学模型等。

（4）研究基于弹性地基理论的渠道冻胀弹性地基模型。通过在完全自由冻胀的渠基冻土上，由于衬砌板端部受约束力作用导致基土无法同步冻胀变形而迫使基土产生的"沉降"变形，建立渠道冻胀弹性地基模型——沉降模型；冻土冻胀变形由于受到邻近衬砌结构的约束将对结构施加一定的冻胀力荷载，而随之产生的结构冻胀变形将导致其对冻土冻胀变形的约束程度降低，表现为冻胀力荷载的释放与衰减，进而建立渠道冻胀弹性地基模型——冻胀模型。

（5）研究考虑河冰作用的冬季冰盖输水渠道冰冻破坏力学模型。依据材料力学方法，考虑地下水位影响下的非线性冻胀力分布规律，建立无冰盖输水、带冰盖输水和无冰盖不输水的渠道冰冻破坏工程力学模型；考虑冰盖生消和冰-结构-冻土协同作用，建立了结冰初期、流冰期和封冻期三个阶段衬砌结构的弹性地基梁模型。

1.4 渠道冻胀工程力学的研究方法

基于室内外试验分析的渠基与衬砌相互作用的渠道冻胀破坏机理及破坏规律，以衬砌结构为分析对象，众多学者建立了不同类型衬砌渠道的冻胀破坏力学模型，对渠道冻胀变形规律、破坏位置和程度进行了预测。根据提出时间及内容的系统性，分为基本力学框架的工程力学理论方法和弹性地基梁理论方法来介绍。

1.4.1 工程力学理论方法

工程力学理论方法，可建立寒区渠道冻胀工程力学模型，研究渠道衬砌在冻土冻胀作用下的破坏规律。工程力学模型的总体思路为：通过假设法向冻胀力及切向冻结力的分布规律，依据极限平衡法建立衬砌结构的整体受力平衡方程，求解出未知冻胀力的大小，从而计算出渠道衬砌的内力分布规律和可能的破坏位置。根据法向冻胀力分布规律假设的不同，渠道冻胀工程力学的方法可分为线性冻胀力分布和非线性冻胀力分布两种情况。

线性冻胀力分布的渠道冻胀工程力学模型是较早的基于"力学＋经验"建模思路的力学模型，通过工程实践经验和相关试验研究，引入渠坡衬砌板所承受冻胀力、冻结力呈线性分布的简化假设，以切向冻结约束失效为极限状态，基于材料力学方法对渠道衬砌结构进行冻胀工程力学分析，并提出相应冻胀破坏判断准则。由于渠道混凝土衬砌体为刚性衬砌结构，为更好地反映混凝土衬砌开裂情况，可在已有传统渠道冻胀工程力学模型的基础上，结合线性断裂力学理论，建立渠道冻胀破坏断裂力学模型。

非线性冻胀力分布的渠道冻胀工程力学模型仍沿用"力学＋经验"建模思路，但在冻胀力假设方面，综合考虑了地下水埋深、渠基土质、气象条件等因素。对特定地区特定气象、土质条件下的具体渠道而言，衬砌各点对应处冻土冻胀强度主要由地下水迁移、补给条件决定，即由各点至地下水埋深（即渠顶地下水位）的距离决定。对于直线形断面渠道，需要考虑大型和小型渠道、现浇混凝土衬砌板和预制衬砌板的不同特点建立相应的力学模型。而曲线形断面渠道一般为小型整体现浇式衬砌形式，只需考虑不同渠道的断面参数方程，即可建立起通用的曲线形断面渠道冻胀工程力学模型。

1.4.2 弹性地基梁理论方法

弹性地基梁理论方法把土体视为一系列独立的竖向弹簧，在荷载作用区域产生与压力成正比的沉降。结构处理为梁与地基土协调变形，变形过程中梁、板结构因挠曲变形产生的内力与地基土变形对结构的作用力形成动态平衡状态，通过建立结构的平衡微分方程求解结构内力。弹性地基梁模型因其可以较好地反映地基与工程结构之间的相互影响和相互作用，已在各类寒区冻土工程结构的力学分析中得到广泛的应用。本书将采用弹性地基梁理论方法作为渠道衬砌结构冻胀分析的主要方法之一。

1.5 技术路线

技术路线如图1.2所示。

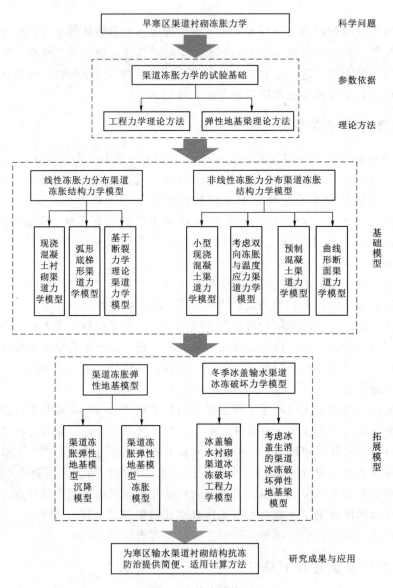

图 1.2 技术路线

第 2 章 渠道冻胀的试验基础

2.1 冻土冻胀机理与冻胀力计算

2.1.1 冻土冻结过程与冻胀机理

当处于负温环境中时，土体孔隙中的部分水分将发生冻结并打破土体原有的热力学平衡，同时在温度梯度影响下未冻区水分将向冻结锋面迁移并遇冷相变成冰。冻结锋面附近各相成分的受力状况也将随之发生变化，并引起土骨架受拉分离，水分聚集相变形成所谓冰透镜体。随着冻结锋面的推进及水分的进一步迁移、补给、积聚和相变，土体体积膨胀增大，最终导致冻胀发生。从工程意义上来说，冻结作用对地基土承载力具有双重影响：一方面，土中液态水相变成冰，冰对土颗粒的胶结作用加强了土骨架抵抗外荷载的能力；另一方面，水分的迁移、补给和相变又引起土体冻胀变形破坏了原土体的稳定结构，且水分迁移后形成的冰层再融化又会加剧土体力学性质弱化，这对既有邻近建（构）筑物是非常不利的。可见深入认识并解决开放系统条件下（即考虑水分迁移、补给与相变）的土体冻结与冻胀问题具有重要的现实意义。

在"土-水-气"三相系统中，土体冻结后水分在空间上的分布特征将会与冻结前有所不同，即使是土体冻结过程中某时间间隔之后的分布特征也将不同于之前，通常把土体冻结前后的含水率分布特征的变化称为水分的重分布。在土体冻结过程中发生明显的水分重分布是水分迁移和补给的结果，也是开放系统条件下土体冻结过程的重要标志性特征。

土体冻结过程中水分迁移、补给量与冻结锋面的推进快慢有直接关系，而冻结锋面推进的快慢又取决于冻结速率的大小。当冻结速率较大时，冻结锋面处原位水分冻结较快，冻结锋面相对稳定时间变短，从而水分迁移和补给难以维持相变所需含水量，为了维持相变界面的物质和能量平衡，冻结锋面推进加快以达到新的平衡。这种情形下水分迁移和补给的相对时间较短，迁移和补给量也较小，从而水分迁移和补给对土体冻胀强度影响不显著。当冻结速率较小时，冻结锋面推进也较慢，相对维持稳定时间长，水分有较充足时间向冻结锋面迁移和补给，从而水分迁移量和相变量增大，常引发土体剧烈冻胀。由此可见，当土壤质地、初始水分条件相似时，冻结速率大小对水分迁移和补给强度有很大影响，从而也对土体冻胀强度产生显著影响。在我国广大季节性冻土区，冬季气温下降缓慢、负温持续时间长、土体冻结速率缓慢，可以认为土体冻结过程中水分迁移和补给对土体冻胀强度产生显著的影响。

冻土冻结过程中水分迁移和补给通常有三种主要来源：地下水、地表水和侧向水分补给。目前，关注最多的是地下水补给的影响。若在土体冻结过程中存在明显的地下水向冻结锋面的迁移与补给，该过程称为开放系统下的土体冻结过程，反之则称为封闭系统下的土体冻结过程（苏联科学院西伯利亚分院冻土研究所，1988；郑秀清等，2002；周家作等，2011；李卓等，2013a，2013b；马巍等，2014；Taber，1929，1930；Leonid等，2009，2010）。开放系统下，迁移水量使冻结锋面推进变缓，水分分布沿垂直方向总体呈增加趋势；而在封闭系统下，仅土体自身原有的水分冻结并向冻结锋面迁移聚集，水分分布沿垂直方向总体呈减小趋势。

（1）封闭系统条件下正冻土中的水分迁移。徐学祖等（1991，2010）曾就内蒙古黏质粉土进行土体冻结试验，结果表明：初始含水率分布均匀的试样经历冻结作用后，土柱中含水率剖面随着土柱冷端温度的降低或冻土段温度梯度的增大，曲线由凸形向平滑过渡。但对兰州砂土的研究则表明：温度梯度和干密度相同的条件下，随着初始含水率的增大，冻土段的含水率曲线从平滑向倾斜过渡，表明砂土冻结时水分迁移量随初始含水率的增大而减小。

（2）开放系统条件下正冻土中的水分迁移。就开放系统条件下饱水土体冻结过程而言，冻土冻结锋面随时间的变化过程一般可分为四个阶段：①快速冻结阶段冻土冻胀量小且随时间变化趋势较平缓；②进入过渡冻结阶段冻胀量开始逐渐增大；③进入似稳定冻结阶段，冻胀量随时间变化基本以稳定速率增长；④当冻胀速率逐渐减慢，冻结锋面趋于稳定时，冻结深度亦趋于稳定，表明土体冻结过程进入稳定阶段。开放系统条件下土体冻结的冻胀强度主要取决于地下水的迁移与补给条件。

在一定温度、水分条件下，土壤质地即土体颗粒成分和矿物组成也对其冻结过程中水分的迁移和补给有很大影响。当颗粒粒径大于2mm时，其主要成分为原生矿物砂砾等，孔隙度大且水流通道连通性好，无水分梯度存在的情况下不具有毛细作用，土体冻结过程中基本无水分迁移和补给。如果此类土中含足够多的细颗粒土，土体冻结过程中将产生水分迁移和补给。粒径小于0.005mm的黏粒土，其矿物成分主要为不可溶次生矿物和高价阳离子吸附基，比表面积大，表面吸附能力强，持水性好，但孔隙水流通道连通性差对水分迁移产生阻滞作用，致密的土质会对水分迁移和补给造成困难，水分迁移作用较小。但如果将土体颗粒粒径为0.05～2mm的砂粒土与粒径为0.005～0.05mm的粉黏粒土相比，由于粉黏粒土兼具砂粒和黏粒两者的特点，使其在孔隙水流通道连通性较好的同时，毛细作用也强，持水性好，所以粉黏粒土是水分迁移与补给最显著的土质，属于对水分聚集、聚冰最敏感的土类之一。

2.1.2 法向冻胀力与切向冻胀力计算

当冻土层表面受到建（构）筑物的限制而对土体的冻结膨胀形成约束时，建（构）筑物基础底面或侧面将受冻胀力的作用，原土表层自由冻胀量被约束得越多，则土体冻结时对建筑物施加的冻胀力就越大。为了工程设计的需要，可把土体冻结时对建筑物或基础施加的冻胀力按其作用于建筑物或基础表面的方向分为法向冻胀力与切向冻胀力。

法向冻胀力指由于冻土冻胀变形受到正向约束而反作用在建筑物或基础表面且方向垂直于该表面的冻胀力；切向冻胀力则指由于冻土冻胀变形受到侧向约束而反作用在结构或基础表面且方向平行于该表面的冻胀力。

1. 法向冻胀力及其计算方法

就土体的冻胀敏感性而言，通常对冻胀越敏感的土类，其产生的法向冻胀力也就越大。在相同条件下，几种典型土壤质地的土体所施加的法向冻胀力大小顺序大致如下：粉质土＞亚砂土＞亚黏土＞黏土＞细砂＞粗砂。而水分迁移和补给对土体法向冻胀力作用的影响一般要根据土体所处的自然环境来决定，当处于封闭体系中时，如果土体初始含水率超过起始冻胀含水率，法向冻胀力将随初始含水率的增加而增大；处于开放体系中时，法向冻胀力大小不仅受冻结前土体饱水程度的影响，而且受冻结过程中水分迁移和补给条件的影响。

本书主要针对中国北方干旱寒冷地区且通常无冬季行水的衬砌渠道建立冻胀工程力学模型，渠基土体初始含水率较低（即冻结前土体饱水程度较低），影响土体冻胀强度的主要影响因素为地下水的迁移与补给条件。但本书采用的"力学＋经验"建模思想具有更广阔的应用前景。

基础所受冻胀力计算问题须通过对基础基底以下持力范围内应力分布形状和大小进行分析才可得到解决，属于冻土地基计算问题，不仅受土的冻胀应力影响，还受基础几何形状、底面尺寸、埋深以及冻土冻深等多因素影响。其中土的冻胀应力是土体在冻结过程中表现出的一种力学性质，其与土体其他物理力学性质一样，是通过试验来获取的，它受到土壤质地及其有关的物理力学性质、土中水分及其分布情况、土中温度及其温度梯度等主要因素影响。

以下对几种法向冻胀力的典型计算方法做简要介绍（周长庆，1981；陈肖柏等，2006）：

（1）М. Ф. Kисeлев 公式。М. Ф. Kисeлев（1961）认为，土体冻胀时基底以下土体因受到约束不能自由升高，而基础范围以外土层则可自由升高，导致冻土层形成剪裂面。假定该剪裂面沿 45°扩展，即基础只承受 45°以内土层冻胀时产生的压力，该压力通过冻土层传递给基础，因此随着基底下冻层厚度的增加，基底面积亦不断增大，从而法向冻胀力也不断增大。其值可按下式计算：

$$P = F\sigma \tag{2.1}$$

式中：P 为法向冻胀力，N；F 为基底下冻土层面积，cm^2；σ 为相对法向冻胀力，N/cm^2。σ 可按 $2N/cm^2$ 采用，该值一般通过在含水量大于塑限且冻结温度为 $-4 \sim -2\,℃$ 的条件下对直径和高均为 10cm 的标准土试件进行试验获得。

圆形基础取 $F = \pi(r+h)^2$，方形基础取 $F = (a+2h)^2$，矩形基础取 $F = (a+2h)(b+2h)$，其中 r 为圆形基础半径，cm；a、b 分别为矩形基础长与宽，cm；h 为基底下冻层厚度，cm。

该公式解释了 P 随冻层厚度增加而增长的现象，但对剪裂面为什么沿 45°扩展未给出令人信服的试验依据。此外 σ 不应采用常数，而应根据土体冻胀敏感性不同给出不同的数值。

（2）Ю. Г. Куликов 公式。Ю. Г. Куликов（1967）认为，在法向冻胀力的作用下冻土由于基础的约束不能向上位移，从而必然导致下卧层融土压密，并且法向冻胀力的大小应等于被压密了的土层的抗压强度。同时还认为土体自由冻胀量应与持力层的压缩量（即下

沉量）相等，最终导出一个冻结界面法向冻胀应力的计算公式为

$$\frac{\Delta h(1+e_0)}{\alpha_k}=\frac{q}{\rho}\ln\frac{14.9q}{q+\rho h}+h\ln\frac{\rho h}{p+\rho h} \tag{2.2}$$

式中：ρ 为土体容重，N/m^3；h 为观测瞬间冻土层厚度，cm；q 为单位面积上法向冻胀力，MPa；e_0 为土体孔隙比；α_k 为压缩系数；Δh 为冻胀量，cm。式（2.2）的求解十分烦琐，常采用图解法。

（3）木下诚一公式。木下诚一等（1963，1966，1984）提出冻胀力与冻土冻胀强度有线性关系为

$$q=\frac{\Delta h}{H_f}E_f \tag{2.3}$$

式中：q 为单位面积上法向冻胀力，MPa；Δh 为冻胀量，cm；H_f 为冻深，cm；E_f 为冻土弹性模量，MPa。

（4）榎户源则公式。目前较为准确、可靠的法向冻胀力大小与分布都要在野外实地测量，这既费时又费力，而室内试验又多采用小尺寸的扰动土样，使试验结果波动很大。榎户源则（1977）提出应根据建（构）筑物的使用要求，在地基中采用大尺寸原状土，在室内进行冻胀力测试。他在冻胀力试验中发现，土冻结时冻土产生冻胀而未冻土发生压缩，其中未冻土的弹性模量 E_s 可通过室内单轴压缩试验方便地求得。他指出使未冻土压缩变形的单位面积上法向冻胀力 q，可通过压缩变形 Δs 和未冻土弹性模量 E_s 间的土力学公式求得

$$q=\frac{\Delta s}{l_s}E_s=\frac{\Delta h-\delta}{l_s}E_s \tag{2.4}$$

式中：Δh 为冻胀量，cm；l_s 为未冻土层的厚度，cm；δ 为压板的允许位移量，cm。

变换式（2.4）可得 q 的计算公式为

$$\frac{1}{E_s}q^2+\frac{\delta}{l_s}q-\frac{0.12H}{l_s}=0 \tag{2.5}$$

式（2.5）中冻土层厚度即冻深 H、未冻土层厚度 l_s 与未冻土弹性模量 E_s 均为已知条件，δ 是建（构）筑物的允许变形值，由设计者提供，因为一般寒区建（构）筑物都是有允许位移的，允许位移值越小，则冻胀力就越大，当 $\delta=0$ 即冻土自由冻胀量被完全约束时得最大冻胀力。榎户源则通过室内大尺寸原状土冻结试验求冻胀力的方法，为确定冻胀力提供了一种较可靠的方法，引起了众多学者的重视。

（5）E. Penner 公式。加拿大学者 E. Penner 依据 Linell-Kaplar 公式（Linell 等，1959）导出一种计算外压力荷载作用下冻土冻胀强度的计算公式（Penner，1970；Chen等，1988；陈肖柏等，1988，2006），该公式可以反映上覆土体重力荷载作用导致冻土冻胀强度的折减。

$$\eta=\eta_0 e^{-cp} \tag{2.6}$$

式中：η 为受外压力荷载 p 作用时冻土的冻胀强度；η_0 为无外荷载作用时冻土自由冻胀强度；c 为与当地气象、土质条件有关的经验系数。

2. 切向冻胀力计算方法

这里主要介绍以下两种切向冻胀力的计算方法（陈肖柏等，2006）：

（1）苏联方法。苏联学者多采用计算冻土冻结强度的经验公式来估算切向冻胀力，即

$$\tau = c + b|T| - a|T^2|\tag{2.7}$$

由于通过试验研究发现经验系数 a 通常较小，可略去不计，从而式（2.7）又可进一步简化为

$$\tau = c + b|T|\tag{2.8}$$

式中：$|T|$ 为土温绝对值，℃；c、b 均为经验系数，与土壤质地及气象、水分条件有关。

（2）双层地基计算方法。季节性冻土区桩基在土体冻结前是单层应力分布，随着土体的冻结，应力将发生重分布，其结果是由原来的单层应力状态逐渐过渡到双层应力状态。在进行计算时，首先把冻深范围内的桩身分割成若干段，根据当地地温资料或由公式 $T = 0.1(h - z)$ 确定沿深度各点土温（式中 h 为基础板下土体冻深，cm；z 为基础板下延深度各点的纵坐标，cm），根据土与基础侧壁间冻结强度与土温的关系（或通过设计规范查找），找出各点的冻结强度，求出每段的总冻结力；再以桩的横截面作为基础板，根据每段中心与冻结界面的距离查找出应力关系，用应力系数去除该冻结界面上土的冻胀应力得出当量荷重，当量荷重乘以面积得出该段所承受的总切向冻胀力。如果算出的切向冻胀力大于算出的冻结力，则只有与冻结力相等的那部分才有效，土冻胀应力的剩余部分是产生下段切向冻胀力的力源。切向冻胀力如果小于冻结力，则多余的冻结力对冻胀不起作用；最后把各段的切向冻胀力加起来，即是该桩所受的总切向冻胀力。切向冻胀力只要不超过外加荷载就是安全的。由于建筑物有一定的整体刚度，地基不均匀变形的情况下具有一定内力重分布的幅度，因此变形超过不多也是允许的。如果基础砌置在冻层之中，既受切向冻胀力又受法向冻胀力作用时的总冻胀力比单独作用时之和小得多。

2.2 封闭系统与开放系统条件下的土体冻胀试验

无论土质是否对冻胀敏感，若没有适当的水分补给条件，土体在冻结过程中都不会发生明显冻胀。除大气降水或人为灌溉以外，土体冻结过程中未冻土层水分向冻结区的迁移强度及持续时间取决于地下水的迁移和补给条件，即取决于地下水的埋置深度。

大量文献和试验研究表明（王希尧，1980；甘肃省渠道防渗抗冻试验研究小组，1985；朱强等，1988；陈肖柏等，1991，2006；李安国，1993；徐学祖，1994；山西省渠道防渗工程技术手册编委会，2003；田亚护，2008；李甲林等，2013；安鹏等，2013；盛岱超，2014），对特定的气象、土质条件下的特定地区而言，开放系统条件下土体冻胀强度随地下水埋置深度的变化多呈双曲线或负指数规律，为了分析和计算方便，其中双曲线规律也可归一化为负指数规律。现结合相关文献和试验研究，对考虑地下水位影响的土体冻胀试验研究结果进行简要介绍。

我国新疆、甘肃、内蒙古、黑龙江、吉林等北部大部分省（自治区）的水利、交通部门均设置了大型现场冻胀试验场，实地观测地下水埋深 h_w 对各类土质土体冻胀率 η 的影响，以下分别为甘肃省水利厅在张掖试验场中细砂、砂壤土及壤土冻胀强度与地下水埋置深度之间的函数关系（甘肃省渠道防渗抗冻试验研究小组，1985；陈肖柏等，2006；李甲林等，2013）：

当土质为细砂时（观测数据 35 个，统计数据 25 个），拟合曲线的函数表达式为

$$\eta = \frac{65.2}{h_w - 10} + 0.15,\ 相关系数\ r = 0.935 \tag{2.9}$$

式中：h_w 为实地观测的地下水埋深，cm，下同。

当土质为砂壤土时（观测数据 35 个，统计数据 32 个），拟合曲线的函数表达式为

$$\eta = \frac{2.84}{h_w} + 0.2,\ 相关系数\ r = 0.86 \tag{2.10}$$

或

$$\eta = \frac{310.5}{h_w^{1.04}},\ 相关系数\ r = 0.855 \tag{2.11}$$

当土质为壤土时（观测数据 47 个，统计数据 40 个），拟合曲线的函数表达式为

$$\eta = 60.5 e^{-0.0146 h_w},\ 相关系数\ r = 0.883 \tag{2.12}$$

或

$$\eta = 111.8 - 20.7 \ln h_w,\ 相关系数\ r = 0.892 \tag{2.13}$$

由此可见，地下水埋置深度直接影响土体冻结过程中的水分迁移和补给条件，进而影响土体的冻胀强度。试验研究表明，渠道衬砌结构横断面上由于各点至地下水埋深的距离不同，各测点的冻胀变位也遵循类似规律：渠道断面上各测点的冻胀变位大小主要取决于渠道基土初始的水分条件与冻结过程中的水分补给条件，地下水埋深越小或初始含水率越大的测点，冻胀变位就越大，反之则越小；渠底各测点由于至地下水埋深的距离较近导致冻胀变位较大；渠坡各测点冻胀变位相对较小一些，且由下而上逐渐减小。

以下为地下水深埋（即封闭系统）和地下水浅埋（即开放系统）的两种情形下反映土体冻胀强度与地下水埋置深度关系的统计分析经验公式。

（1）地下水深埋（即封闭系统）。封闭系统下土体冻胀强度主要取决于冻深范围内土体的冻前含水率，并呈如下线性关系：

$$\eta = \alpha_1 (w_1 - \beta_1 w_p) \tag{2.14}$$

或

$$\eta = \alpha_2 (w_2 - \beta_2 w_p) \tag{2.15}$$

式中：η 为冻胀强度；w_1 为基土冻前（日平均气温稳定通过 0℃ 前后 5 天内）含水率；w_2 为稳定冻结期基土含水率；w_p 为塑限含水率；α_1、α_2 与 β_1、β_2 为经验系数，见表 2.1。

表 2.1　　　　　不同土壤质地的 α_1、α_2 与 β_1、β_2 值

土壤质地	α_1	α_2	β_1	β_2	相关系数
轻壤土	0.3015	0.1879	0.633	0.681	$r_1 = 0.730$，$r_2 = 0.853$
粉质壤土	0.3865	0.2480	0.886	0.986	$r_1 = 0.694$，$r_2 = 0.677$
重粉质壤土	0.3858	0.2670	1.118	1.163	$r_1 = 643$，$r_2 = 0.642$

（2）地下水浅埋（即开放系统）。在开放系统条件下，土体冻胀强度主要取决于地下水埋深，且与地下水位呈负相关关系，拟合曲线有负指数与双曲线两种。归一化为负指数形式为

$$\eta = a e^{-bz} \tag{2.16}$$

式中：η 为基土冻胀强度；z 为地下水埋深；a、b 为与气象、土质条件有关的经验系数，

见表 2.2。当条件具备时，式中所列经验系数应当通过试验数据拟合获得，如表 2.3 为几个不同省（自治区）的试验观测统计结果。

表 2.2　　　　　　　　　　不同土壤质地的 a、b 的值

土壤质地	a	b	相关系数	土壤质地	a	b	相关系数
轻壤土	21.972	0.02202	0.802	重粉质壤土	59.254	0.01599	0.949
粉质壤土	44.326	0.01087	0.957	砂壤土	0.1445	0.00200	0.936

表 2.3　　　　　　　　　　a、b 值观测统计结果

土壤质地	省（自治区）	a	b	土壤质地	省（自治区）	a	b
高液限黏质土和粉质土	辽宁	37	0.012	低液限黏质土和粉质土	辽宁	18.5	0.014
	甘肃	40	0.0125		甘肃	14.3	0.0147
	黑龙江	27	0.0085		黑龙江	20	0.005
	新疆	17	0.0062		新疆	15	0.001

第 3 章 线性分布冻胀力的渠道冻胀结构力学模型

3.1 基本框架

线性冻胀力分布的渠道冻胀工程力学模型是较早的基于"力学＋经验"建模思路的力学模型，其通过工程实践经验和相关试验研究，引入渠坡衬砌板所承受冻胀力、冻结力呈线性分布的简化假设，以切向冻结约束失效为极限状态，基于结构力学方法对渠道衬砌结构进行冻胀工程力学分析，并提出相应冻胀破坏判断准则。该模型为渠道冻胀工程力学后续一系列进展奠定基础。

工程实践中应用最广泛的渠道结构形式为现浇混凝土衬砌渠道与预制混凝土衬砌渠道，两者均属刚性衬砌结构。由于渠道断面呈槽形，无论是填方渠道还是挖方渠道，均显著改变了基土原有水热力状态，加之衬砌结构不同部位对应处地下水埋深、太阳辐射条件、初始水分条件、冻土层厚度（即冻深）、冻结锋面朝向等均不相同，将产生大小、方向不同的不均匀不协调冻胀变形（即差异冻胀）。由于混凝土衬砌抗拉强度低，适应变形能力差，渠道基土的这种差异冻胀将使衬砌结构也相应地发生不均匀冻胀变形。同时日复一日、年复一年的周期性冻融循环作用将导致衬砌结构的冻胀变形逐年累积、逐年增长，最终引发严重冻胀破坏。

就梯形衬砌渠道而言，其主要破坏特征是沿中轴线方向在渠道底板中部形成一条由基土冻胀引起的贯穿型裂缝；渠道坡板则易在沿坡面距离坡脚 1/3 坡板长附近形成沿渠线方向的冻胀裂缝，一般以贯穿型为主，有时还伴以弥散型的分支裂缝。此外，渠道衬砌结构在冻胀作用下易发生整体上抬，尤其

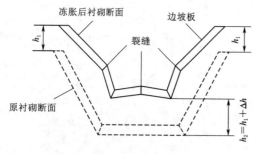

图 3.1 典型工况下梯形渠道衬砌
冻胀变形及裂缝位置

是高地下水位渠道，整体上抬现象更加明显。图 3.1 所示为无冬季输水且无顶部、侧向水分补给的典型工况下梯形渠道衬砌冻胀变形及裂缝位置。

典型工况下，渠道底板两端受坡板约束，冻胀变形呈中部大、两端小，往往在中部发生弯折断裂；渠道坡板则上部冻胀变形小、中下部冻胀变形大，渠顶附近衬砌板—冻土冻结为一体同步变形，表现为上部受冻结力约束的同时坡脚处受底板限制。当渠顶基土含水量小且无地下水补给时，上部无冻结约束（或冻结约束失效）则坡板上部将翘起；当两端均被约束时则在中下部弯矩最大处发生弯折断裂。若考虑冬季输水工况，则渠道底板一般不会发生冻害，渠道坡板在水面线以上部分与前述典型工况下的情形基本类似。

总而言之，渠道坡板与底板都是在冻胀力、冻结力、重力及底板与坡板间相互约束力的共同作用下发生破坏的，机理非常复杂。但衬砌结构所受冻结力、冻胀力及板间相互作用力的大小及方向均不是预先已知的恒定值，而是相互影响、相互依赖的。对于具体结构而言，可以认为当冻结力、冻胀力和混凝土抗拉强度满足某种关系时衬砌结构即遭到破坏。因此，在建立力学模型时要根据冻胀破坏机理及工程实践经验作出合理、适当的假定与简化处理。

3.1.1 基本约定与假设

根据上述对渠道冻胀破坏特征及机理的分析，结合实地调研以及工程实践经验，对典型气象、水分条件下的现浇混凝土衬砌渠道作如下基本约定和假设：

（1）冻土及混凝土衬砌均视为线弹性材料，可应用迭加原理。

（2）渠道基土在冻结前已固结完毕，不考虑冻结过程中未冻土层的进一步压缩。

（3）暂不考虑冻胀条件下渠基冻土与衬砌板的协调变形，认为冻土不参与衬砌弯曲变形。冻土仅在冻结膨胀受到约束时对衬砌板施加冻胀力，在冻土—衬砌板间存在相对位移趋势时，提供切向或法向被动冻结约束。

（4）坡板顶部附近的基土含水量达到起始冻结含水量，或低温条件下地下水可补给到渠顶，渠顶附近冻土可与衬砌板冻结在—起并提供被动冻结约束力。

（5）考虑到衬砌各点至地下水埋深的距离不同从而水分补给条件不同，认为渠坡基土的自由冻胀量自渠道顶部向坡脚方向沿坡面呈线性分布且逐渐增大，在渠道顶部取得最小值，同时在坡脚处取得最大值。在本章中均假定自由冻胀量被完全约束，从而法向冻胀力量值及分布规律与自由冻胀量的量值及分布规律等同，即渠道顶部为 0，同时在坡脚处取得最大值。

（6）冻胀条件下渠道底板上抬位移将对坡板产生顶推作用并在坡板底部引起沿坡面方向的切向冻结约束力，该分布力自渠顶向坡脚方向沿坡面呈线性分布且逐渐增大，在渠顶为 0，同时在坡脚处取得最大值。

（7）坡板简化为简支梁结构，在顶端坡板受顶部盖板及冻土的法向冻结约束，在坡脚处则受渠道底板的约束作用。渠道底板两端均受到渠道坡板的约束作用，也简化为简支梁结构。

基于以上假设，后续将对现浇混凝土衬砌梯形渠道、弧形底梯形渠道分别建立冻胀工程力学模型。并结合断裂力学相关理论，建立梯形渠道冻胀破坏断裂力学模型。

3.1.2 计算简图

1. 现浇混凝土衬砌梯形渠道计算简图

现浇混凝土衬砌梯形渠道断面如图 3.2 所示。其中渠道底板长度为 L'，宽度为 b'；渠道坡板长度为 L，厚度为 b，边坡坡角为 α。冻胀条件下衬砌结构所承受荷载的分布情况如图 3.3 和图 3.4 所示。在图 3.3 中，沿衬砌渠道坡板呈线性分布的法向冻胀力最

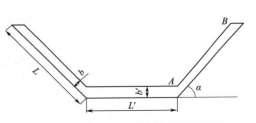

图 3.2　现浇混凝土衬砌梯形渠道断面

大值为 q_{max}，切向冻结力最大值为 τ_{max}。由于渠道底板上抬而施加在渠道坡板底端的沿板面方向的顶推力为 N_x，坡板底端即 A 点所承受的约束反力 N_y 源于底板约束，顶端即 B 点所承受的约束反力则为渠道基土对渠道坡板施加的法向冻结约束反力的合力。阴、阳坡具有相似的计算简图，相关荷载具有相似的变化趋势，但量值有所不同。由图及前述分析可知，渠道坡板可以视为五类荷载共同作用下的简支梁，其变形属于偏压组合变形。

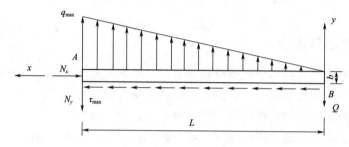

图 3.3 现浇梯形渠道坡板计算

如图 3.4 所示，渠道底板下部均匀分布大小为 q_{max} 的法向冻胀力，同时记混凝土比重为 γ。未冻结前，渠道坡板重力由渠道基土及底板产生的支持力平衡；冻结后，垂直于坡板方向上由于法向冻胀力只有在克服混凝土板重力法向分量和该处法向冻结力后才能作用在衬砌板上，即衬砌板重力法向分量可由法向冻胀力平衡；平行坡板方向的重力分量则由底板约束反力平衡。实际上，渠道衬砌为薄板（薄壳）结构且冻胀力只有克服重力后才能真正使结构发生变形及破坏，因此相关力学分析不考虑坡板重力影响，相关荷载均视为平衡重力以后的荷载。

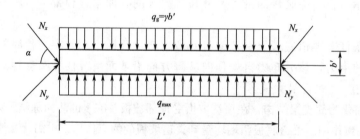

图 3.4 现浇梯形渠道底板计算

2. 弧形底梯形渠道计算简图

弧形底梯形渠道断面如图 3.5 所示。其中 L 为渠道坡板长，R 为弧底半径，2α 为圆心角。此外，衬砌板厚度为 b，坡角为 α，边坡 $m=ctg\alpha$。当衬砌结构整体处于极限平衡状态时，弧形底梯形渠道混凝土衬砌结构所承受的法向冻胀力的分布规律如图 3.6 所示，切向冻结反力的分布规律如图 3.7 所示。设衬砌直线段与曲线段的连接处及弧形底达到最大法向冻胀力为 q，衬砌直线段与曲线段的连接处达到最大切向冻结反力为 τ。

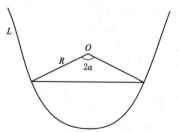

图 3.5 弧形底梯形渠道断面

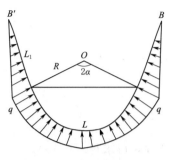

图 3.6 法向冻胀力分布

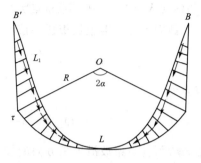

图 3.7 切向冻结力分布

3.2 现浇混凝土衬砌梯形渠道冻胀破坏力学模型

3.2.1 内力计算

根据前述相关假设及计算简图，采用坐标系如图 3.3 和图 3.4 所示。在图示荷载作用下对衬砌结构内力进行计算。

1. 渠道坡板内力计算

（1）约束反力。考虑力矩平衡条件并注意到切向冻结力所产生的力矩，从而有

$$\left.\begin{array}{l} N_y = \dfrac{1}{3}q_{max}L + \dfrac{1}{4}\tau_{max}b \\[2mm] \overline{Q} = \dfrac{1}{6}q_{max}L - \dfrac{1}{4}\tau_{max}b \end{array}\right\} \tag{3.1}$$

（2）截面轴力。渠道坡板任一截面的轴向压力为

$$N(x) = \frac{\tau_{max}}{2L}x^2 \tag{3.2}$$

（3）截面弯矩。渠道坡板任一截面的弯矩为

$$M(x) = \frac{\tau_{max}b}{4L}x(x-L) + \frac{q_{max}}{6L}x(L+x)(L-x) \tag{3.3}$$

由式（3.3）易知，$M(0) = M(L) = 0$。坡板与底板间有接缝隔开，两者互为约束，但不能互相提供弯矩，把坡板与底板均视为两端简支梁是比较合理的。

（4）最大弯矩所在截面（危险截面位置）。对式（3.3）求导并令其导数为 0，求解可得

$$x_0 = \frac{\tau_{max}b}{2q_{max}} + \sqrt{\left(\frac{\tau_{max}b}{2q_{max}}\right)^2 + \frac{L^2}{3} - \frac{\tau_{max}bL}{2q_{max}}} \tag{3.4}$$

整理可得

$$\frac{x_0}{L} = \frac{\lambda}{L} + \sqrt{\left(\frac{\lambda}{L}\right)^2 - \frac{\lambda}{L} + \frac{1}{3}} \tag{3.5}$$

其中

$$\lambda = \frac{\tau_{max}b}{2q_{max}}$$

将 x_0 的值代入 (3.4) 式可求得最大弯矩 M_{max}。

(5) 截面剪力。渠道坡板任一截面剪力为

$$Q(x) = -\frac{q_{max}}{2L}x^2 + \frac{1}{6}q_{max}L - \frac{1}{4}\tau_{max}b \tag{3.6}$$

最大剪力为

$$Q_{max} = -\frac{1}{3}q_{max}L - \frac{1}{4}\tau_{max}b \tag{3.7}$$

如图 3.3 所示，由渠坡沿坡板方向的静力平衡条件，可求得

$$N_x = \frac{1}{2}\tau_{max}L \tag{3.8}$$

如图 3.4 所示，根据渠道底板竖直方向上的静力平衡条件，可得

$$(q_{max} - q_g)L' + 2N_y\cos\alpha = 2N_x\sin\alpha \tag{3.9}$$

亦即

$$q_{max} = \frac{\frac{\tau_{max}}{L'}\left(L\sin\alpha - \frac{1}{2}b\cos\alpha\right) + \gamma b'}{\frac{2L}{3L'}\cos\alpha + 1} \tag{3.10}$$

式 (3.10) 反映了最大法向冻胀力 q_{max} 与最大切向冻结力 τ_{max} 之间的相互依赖关系，表明只要衬砌渠道的相关几何、物理参数是确定的，那么渠道坡板最大法向冻胀力与最大切向冻结力成正比。从而只要合理确定了 τ_{max} 的大小，由式 (3.10) 即可求得 q_{max}，从而 τ_{max} 的大小可以看作是衬砌结构是否发生破坏的一个控制因素。此外，可以通过适当调整、优化渠道的断面形式（即几何参数）来改善 q_{max} 与 τ_{max} 的关系，达到减轻冻胀的目的。当然，通过改善土质、水分、温度条件来调节 q_{max} 与 τ_{max} 的大小，同样可减轻甚至消除冻胀。同时，从式 (3.10) 中还可以看出，最大切向冻结力 τ_{max} 越大，即板-土间界面切向约束越强，最大法向冻胀力 q_{max} 就会越大，进而衬砌结构各截面内力也越大；渠底衬砌板的厚度 b' 越大，衬砌结构越重，结构刚度越大，最大法向冻胀力 q_{max} 就会越大。

2. 渠道底板内力计算

(1) 截面轴力。

$$N_0 = N_x\cos\alpha + N_y\sin\alpha = \frac{\tau_{max}}{4}(2L\cos\alpha + b\sin\alpha) + \frac{1}{3}q_{max}L\sin\alpha \tag{3.11}$$

(2) 截面弯矩。如图 3.4 所示，可求得至渠道底板左端距离为 x 处的截面弯矩为

$$M(x) = \frac{1}{2}(q_{max} - q_g)x^2 + \left[\frac{\tau_{max}}{4}(b\cos\alpha - 2L\sin\alpha) + \frac{1}{3}q_{max}L\cos\alpha\right]x \tag{3.12}$$

由对称性可知，最大弯矩应出现在渠道底板中部。这就是渠道底板易在中部弯折断裂的原因。进一步分析可知该处剪力为 0，由力矩平衡，求得渠道底板所受最大弯矩为

$$M_{max} = M\frac{L'}{2} = \frac{1}{8}(q_{max} - q_g)L'^2 \tag{3.13}$$

(3) 截面剪力。由力矩平衡可求得至渠底板左端距离为 x 处截面的剪力为

$$Q(x) = (q_{max} - q_g)x + (N_y \cos x - N_x \sin x)$$
$$= (q_{max} - q_g)x + \left[\frac{\tau_{max}}{4}(b\cos\alpha - 2L\sin\alpha) + \frac{1}{3}q_{max}L\cos\alpha \right] \tag{3.14}$$

最大剪力发生在坡脚处（即 $x = 0$ 处），其数值为

$$Q_{max} = Q(0) = \frac{1}{3}q_{max}L\cos\alpha + \frac{\tau_{max}}{4}(b\cos\alpha - 2L\sin\alpha) \tag{3.15}$$

3.2.2 渠道坡板法向冻结力合力作用点的估算

从理论上讲，渠道坡板所受法向冻结合力的作用点是不会恰好在坡板顶端的，真实位置应该在坡板顶端略偏下一些。对于尺寸较小的梯形衬砌渠道，由于其体轻且整体性比大尺寸梯形渠道要好。可以假定梯形渠道是在不发生局部强度破坏的前提下整体达到极限状态的，然后通过静力平衡可求解得出该合力作用点的具体位置。对于小 U 形渠、弧形坡脚梯形渠等尺寸相对较小、整体性较好的渠道断面形式也可以用类似的方法求解其坡板法向冻结力。

当渠道衬砌结构整体处于极限平衡状态时，渠道横断面作为一个整体承受渠基冻土施加的冻胀力和冻结约束，由静力平衡条件（仅考虑竖直方向）可得（为与一般梯形渠道的力学分析相区分，相关各量均加撇）

$$\tau'_{max}L\sin\alpha + 2\overline{Q}'\cos\alpha = q'_{max}L' + q'_{max}L\cos\alpha \tag{3.16}$$

解得

$$\overline{Q}' = \frac{1}{2\cos\alpha}\left[q'_{max}(L' + L\cos\alpha) - \tau'_{max}L\sin\alpha \right] \tag{3.17}$$

由于渠道横断面整体处于平衡状态，故坡板也应当处于平衡状态，从而由力矩平衡可得

$$\overline{Q}'(L - x'_0) + \frac{1}{4}b\tau'_{max}L = \frac{1}{6}q'_{max}L^2 \tag{3.18}$$

由上式整理可得坡板法向冻结合力的作用点（假定该点在沿渠坡距坡板顶端 x'_0 处）为

$$x'_0 = L - \frac{1}{\overline{Q}'}\left(\frac{1}{6}q'_{max}L^2 - \frac{1}{4}b\tau'_{max}L \right) \tag{3.19}$$

将式（3.17）所得结果代入式（3.19）即可求出 x'_0。

3.2.3 工程算例

1. 较小尺寸梯形渠道

位于新疆阿克苏地区温宿县的恰格拉克东干渠为一座素混凝土衬砌的小尺寸梯形渠道，渠深为 75cm，边坡为 1:1.5，底板宽 40cm，边坡板厚 6cm，底板厚 8cm，C20 混凝土衬砌，渠床土质为壤土，阴坡冻土层最低温度为 $-12°C$，阳坡冻土层最低温度为 $-10°C$。根据前文所述方法可对冬季冻胀条件下该渠道衬砌结构的受力特征作如下分析。

渠道衬砌结构的相关尺寸如下：底板宽 $L' = 0.4m$，边坡板厚 $b = 0.06m$，底板厚

$b'=0.08\text{m}$，边坡板长 $L=1.352\text{m}$，$\tan\alpha=2/3$，$\gamma=24\text{kN/m}^3$。

（1）结合最大切向冻结力计算公式 $\tau_{max}=c+mt^n$，参数取 $c=0.4$，$m=0.6$，$n=1$，则可得最大切向冻结力：$\tau_{max}=0.4+0.6\times|-12|=7.6\text{kPa}$。

（2）又由式（3.10），可得最大法向冻胀力为

$$q_{max}=\dfrac{\dfrac{\tau_{max}}{L'}\left(L\sin\alpha-\dfrac{1}{2}b\cos\alpha\right)+\gamma b'}{\dfrac{2L}{3L'}\cos\alpha+1}=5.505\text{kPa}$$

（3）截面轴力、剪力与弯矩在渠道坡板上的分布规律如下：

截面轴力分布：由 $N(x)=\dfrac{\tau_{max}}{2L}x^2$，可得 $N(x)=2.811x^2$。

截面剪力分布：由 $Q(x)=-\dfrac{q_{max}}{2L}x^2+\dfrac{1}{6}q_{max}L-\dfrac{1}{4}\tau_{max}b$，可得 $Q(x)=-2.0359x^2+1.126$。

截面弯矩分布：由 $M(x)=\dfrac{\tau_{max}b}{4L}x(x-L)+\dfrac{q_{max}}{6L}x(L+x)(L-x)$，可得 $M(x)=-0.679x^3+0.084x^2+1.1276x$。

（4）最大弯矩截面所在位置（危险截面即最有可能胀裂部位）：

由 $\lambda=\dfrac{\tau_{max}b}{2q_{max}}=0.456$，故 $\dfrac{x_0}{L}=\dfrac{\lambda}{L}+\sqrt{\left(\dfrac{\lambda}{L}\right)^2-\dfrac{\lambda}{L}+\dfrac{1}{3}}=0.669\approx\dfrac{2}{3}$。又由 $L=1.352\text{m}$，从而可得 $x_0=0.904\text{m}$。代入弯矩表达式，可得最大弯矩 $M_{max}=0.586\text{kPa}\cdot\text{m}$。

通过计算，易知渠道坡板最易胀裂部位在距坡板底端 1/3 坡板长处，即沿坡面距渠底约 0.461m 处，其值与工程实际冻害部位符合得很好。

（5）渠道坡板承受冻结合力作用点：

冻结合力为

$$\overline{Q}'=\dfrac{1}{2\cos\alpha}\left[q'_{max}(L'+L\cos\alpha)-\tau'_{max}L\sin\alpha\right]=1.617\text{kPa}$$

冻结合力作用点为

$$x'_0=L-\dfrac{1}{\overline{Q}'}\left(\dfrac{1}{6}q'_{max}L^2-\dfrac{1}{4}b\tau'_{max}L\right)=0.412\text{m}$$

$$\dfrac{x'_0}{L}=\dfrac{0.412}{1.352}=0.305\approx\dfrac{1}{3}$$

从而可知渠道坡板所受法向冻结合力的作用点在沿坡面距坡板顶端约 0.412m 处，即在距坡板顶端约 1/3 坡板长处。

（6）轴力、剪力和弯矩在渠道底板上的分布规律：

轴力分布：根据 $N_0=N_x\cos\alpha+N_y\sin\alpha=\dfrac{\tau_{max}}{4}(2L\cos\alpha+b\sin\alpha)+\dfrac{1}{3}q_{max}L\sin\alpha$。

剪力分布：由 $Q(x)=(q_{max}-q_g)x+\left[\dfrac{\tau_{max}}{4}(b\cos\alpha-2L\sin\alpha)+\dfrac{1}{3}q_{max}L\cos\alpha\right]$，可得

$Q(x) = 3.585x - 0.92$。

弯矩分布：由 $M(x) = \frac{1}{2}(q_{max} - q_g)x^2 + \left[\frac{\tau_{max}}{4}(b\cos\alpha - 2L\sin\alpha) + \frac{1}{3}q_{max}L\cos\alpha\right]x$，可得 $M(x) = 1.7925x^2 - 0.6924$。

2. 较大尺寸梯形渠道

以上是针对南疆塔里木灌区内断面尺寸较小的梯形混凝土衬砌渠道所进行的力学分析，而灌区内不但有大量尺寸较小的梯形衬砌渠道，同样存在不少尺寸较大的衬砌渠道，如位于灌区内阿拉尔市的塔南干渠等。尺寸较大的梯形渠道也可用前述方法进行相关力学分析，但由于其整体性不够良好，故无法通过针对小尺寸渠道的方法求得冻结合力的作用点。接下来以塔里木灌区内某尺寸较大的梯形渠道为例进行力学分析。

某一素混凝土衬砌梯形渠道，渠深为 2m，边坡为 1:1，底板宽度为 2m，坡板及底板厚均为 0.2m，C15 混凝土衬砌，渠床土质为壤土，冻土层阴坡最低温度约 -15℃，阳坡约 -12℃。

以下将对其进行力学的相关计算。

首先衬砌渠道相关结构尺寸如下：底板宽 $L' = 2$m，板厚 $b = b' = 0.2$m，边坡长 $L = 2.83$m，$\tan\alpha = 1$，$\gamma = 24$kN/m³。

(1) 同样根据前述最大切向冻结力计算公式 $\tau_{max} = c + mt^n$，参数取 $c = 0.4$，$m = 0.6$，$n = 1$，可得最大切向冻结力：$\tau_{max} = 0.4 + 0.6 \times |-15| = 9.4$kPa；再由 q_{max} 和 τ_{max} 的函数关系可以求得渠道坡板所承受的最大法向冻胀力为 $q_{max} = 8.32$kPa。

(2) 最大弯矩截面所在部位（即最有可能胀裂部位）：

由 $\lambda = \frac{\tau_{max}b}{2q_{max}} = 0.113$，故 $\frac{x_0}{L} = \frac{\lambda}{L} + \sqrt{\left(\frac{\lambda}{L}\right)^2 - \frac{\lambda}{L} + \frac{1}{3}} = 0.583$。又由 $L = 2$m，从而可得 $x_0 = 1.166$m。代入弯矩表达式 $M(x) = \frac{\tau_{max}b}{4L}x(x-L) + \frac{q_{max}}{6L}x(L+x)(L-x)$，可得最大弯矩 $M_{max} = 3.48$kPa·m。

容易看出坡板胀裂部位在距坡脚三分点偏上处，这一点与工程实际冻害部位也较符合。

(3) 下面用求小尺寸梯形渠道计算冻结合力作用点的方法对尺寸较大的梯形渠道进行分析。

冻结合力为

$$\overline{Q}' = \frac{1}{2\cos\alpha}\left[q'_{max}(L' + L\cos\alpha) - \tau'_{max}L\sin\alpha\right] = 18.808(\text{kPa})$$

冻结合力作用点为

$$x'_0 = L - \frac{1}{\overline{Q}'}\left(\frac{1}{6}q'_{max}L^2 - \frac{1}{4}b\tau'_{max}L\right) = -2.703(\text{m})$$

显然该值与事实不相符，可见由于大尺寸梯形渠道整体性不好的问题，采用其破坏时整体处于平衡状态计算其法向冻结合力作用点是不合适的，会导致错误结果。但仍可通过预先假定法向冻结合力作用点在坡板顶端的方法计算法向冻结合力为 $Q = \frac{1}{6}q_{max}L -$

$\frac{1}{4}\tau_{max}b = 3.454(kPa)$。

3.2.4 小结

本着"避开对复杂冻土物理力学特性和水分迁移相变的讨论，通过适当的冻胀力、冻结力分布简化假设，集中对结构受力变形进行分析"的基本思路，建立梯形渠道冻胀工程力学模型。该模型假定渠道衬砌结构不发生局部强度破坏的前提下整体达到极限状且是偏安全的，即如果对极限平衡的临界状态进行验算表明结构安全，则可认为结构必定是安全的。这是因为当实际的最大切向冻结力小于临界状态时，由最大法向冻胀力与最大切向冻结力关系可知此时冻胀力水平也是低于临界状态的，结构必定安全。但反之，若验证极限状态下结构是不安全的，并不能完全认定结构是不安全的，因为实际冻胀力、冻结力状况不一定能达到极限状态。

该模型将渠道坡板所受法向冻结力简化为集中力，而事实上法向冻结力也是沿坡板呈一定分布的，如何确定法向冻结力沿坡板分布，是对渠道坡板受力进行更为准确分析的关键。此外，针对小尺寸梯形渠道尺寸较小、整体性较大尺寸渠道优良的特点，提出一种坡板法向冻结合力作用点位置的计算方法。该方法也可推广到小 U 形渠、弧形坡脚梯形渠等整体性较好的渠道结构形式中。

3.3 弧形底梯形渠道冻胀破坏力学模型

工程实践与相关研究表明，与一般梯形断面相比，弧形底梯形断面具有水流条件好便于输沙、整体受力条件好、冻胀力分布均匀、适应冻胀性能好、结构复位能力强等优点，成为旱区寒区渠道工程防渗抗冻胀的首选断面形式之一。现建立该断面形式渠道冻胀工程力学模型。

3.3.1 弧形底梯形断面渠道冻胀破坏特征及控制状态

与梯形渠道冻胀破坏特征的相似之处在于：衬砌各点冻胀变形主要沿衬砌板的法线方向，衬砌板所受冻胀力、冻结力在渠顶较小，在渠底则较大；坡脚处冻胀变形小，渠底中线附近往往易发生裂缝。主要区别在于：整体式现浇弧形底梯形渠道整体性良好，首先表现为结构复位能力强，其次表现为阴、阳坡两侧不同法向冻胀力作用下，衬砌结构整体产生刚性上抬位移及微小侧移可对冻胀力、冻结力分布进行均匀化调整，且两侧衬砌所受冻胀力、冻结力趋于对称分布；与梯形渠道断面在坡脚处产生突变不同，弧形底梯形渠道断面曲线连续变化有利于衬砌冻胀变形及法向冻胀力大小和方向趋于均匀、连续，使结构适应冻胀变形能力增强。

弧形底梯形渠道衬砌结构冻胀破坏过程可认为是在冬季低温作用下，阴坡及弧形底最先产生冻胀变形及法向冻胀力，使衬砌结构整体产生微小侧移。同时，弧形底所受法向冻胀力的竖直分量使结构整体产生上抬位移，通过这种位移协调及变形释放可使弧形底梯形渠道衬砌结构所受冻胀力、冻结力及内力发生重新调整。当阳坡衬砌板外侧冻结力约束达到极限时，衬砌板将产生与渠基冻土间的剪切破坏，本模型就以此时的极限状态为临界状态进行力学分析。

3.3.2 基本假设与简化

如前所述，弧形底梯形渠道冻胀破坏机理及过程相当复杂，属于高次超静定非线性结构的力学分析问题。要建立其准确力学模型并求其解析解非常困难，只能根据对其破坏特征的认识，结合试验研究及工程实践进行恰当的简化处理，以期建立简单、实用、基本准确合理的力学模型。除 3.1.1 小节中所述基本假设以外，再补充如下假设：

（1）渠道坡板（即直线段）所受法向冻胀力沿坡面呈线性分布，在坡脚处（直线段与曲线段的连接处）达最大值，在渠顶为 0；弧形底（即曲线段）所受法向冻胀力呈均匀分布。坡板所受切向冻结力沿坡面呈线性分布，在坡脚处达最大值，在弧形底上呈线性分布，中心线上为 0。

（2）通过衬砌结构整体上抬位移及微小侧移的变位协调，使不同方向上冻胀力及冻结力重新调整，近似认为结构所受外力及内力接近对称分布。弧形底梯形渠道衬砌结构近似简化为在对称分布的法向冻胀力及重力作用下及切向冻结力约束下保持静力平衡的整体拱形结构。

（3）冬季漫长，基土冻结速率缓慢，衬砌结构冻胀破坏过程可视为准静态过程。在基土冻结、冻胀过程中，认为衬砌结构始终处于平衡状态，发生冻胀破坏时则处于极限平衡状态。

3.3.3 内力计算

计算简图如图 3.5～图 3.7 所示，在图示荷载作用下对结构内力进行计算。

因阳坡衬砌板与渠基冻土之间切向冻结力的最大值取决于当地实际的土质、负温、水分条件，可视为已知力。考虑对称性，弧形底梯形渠道衬砌结构所受外荷载中只有一个未知力即法向冻胀力 q，故只需列出竖向的静力平衡方程，即

$$ql\cos\alpha + 2qR\sin\alpha = \tau L\sin\alpha + 2b\gamma(L + R\alpha) \tag{3.20}$$

令边坡系数为 m，底弧直径与坡板长之比为 n，则有 $m = \text{ctg}\alpha$，$n = 2R/L$。

则由式（3.20）可得法向冻胀力最大值为

$$q = \frac{\tau}{m+n} + \frac{(2+\alpha n)b\gamma}{(m+n)\sin\alpha} \tag{3.21}$$

同时梯形渠道衬砌的法向冻胀力表达式可简化为

$$q = \frac{\tau}{0.66m+n} + \frac{n\gamma b}{0.66m+n} \tag{3.22}$$

比较式（3.21）与式（3.22），从右侧第一项可以看出，弧底梯形渠道所受法向冻胀力显著小于梯形断面渠道，表明弧形底梯形渠道衬砌对基土冻胀变形的约束要弱于梯形渠道；比较右侧第二项则可以看出，弧形底梯形渠道自重对法向冻胀力的影响明显大于梯形断面渠道。

1. 渠道坡板（即直线段）内力计算

取坡顶处为坐标原点，对渠道坡板进行内力计算结果如下：

（1）截面轴力为

$$N(x) = \frac{-(\tau + \gamma b \sin\alpha)}{2L} x^2 \quad (0 \leqslant x \leqslant L) \tag{3.23}$$

（2）截面弯矩为

$$M(x) = \frac{-\tau b x^2}{4} + \frac{q x^3}{6L} - \frac{\gamma b \cos\alpha x^2}{2} \quad (0 \leqslant x \leqslant L) \tag{3.24}$$

（3）截面剪力为

$$Q(x) = \frac{q x^2}{2L} - \gamma b \cos\alpha x \quad (0 \leqslant x \leqslant L) \tag{3.25}$$

绘制内力图如图 3.8 所示。可见，坡板内力均为单调函数，最大值均发生在衬砌结构直线段与曲线段的连接处，这与相关文献一致（朱强，1996）。坡脚处（即该连接处）控制内力，包括轴力、剪力与弯矩，均可由上述相关公式代入位置坐标求得

$$N = -(\tau + \gamma b \sin\alpha)\frac{L}{2} \tag{3.26}$$

$$M = \frac{qL^2}{6} - \frac{\tau b L^2}{4} - \frac{\gamma b L^2}{2}\cos\alpha \tag{3.27}$$

$$Q = \frac{qL}{2} - \gamma b \cos\alpha L \tag{3.28}$$

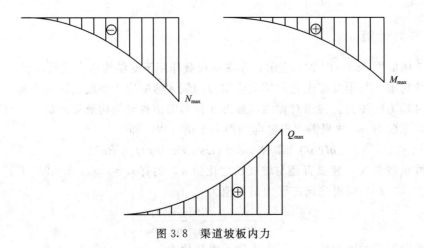

图 3.8 渠道坡板内力

2. 渠道弧形底板（即曲线段）内力计算

为计算方便，此时将坐标原点设在弧形底的中心处。显然，弧形底板控制内力位于坡脚处及弧形底中心位置，分别称第一控制断面与第二控制断面（图 3.9 和图 3.10）。内力计算如下：

考虑到连续性，第一控制断面内力可由式（3.26）~式（3.28）计算。

第二控制断面内力计算表达为

$$M_0 = R^2 \sin^2\alpha \frac{q}{2} + \frac{QR\sin2\alpha}{2} + M + 2NR\sin^2\frac{\alpha}{2} - \frac{\gamma b R^2 \sin\alpha}{2} \tag{3.29}$$

$$N_0 = -Q\sin\alpha + N\cos\alpha - q(R - R\cos\alpha)$$
$$- \frac{\tau R}{\alpha}(\alpha\sin\alpha + \cos\alpha - 1) \qquad (3.30)$$

分析以上各式表明：

（1）对弧形底而言，法向冻胀力主要引起正弯矩，自重及切向冻结力则主要引起负弯矩。结构从坡板到弧形底板由直线段变为曲线段，截面弯矩大小、正负发生改变。轴力则主要是以自重及切向冻结力产生的压力为主，法向冻胀力对轴力的影响相对较小。相对于梯形渠道而言，由于弧形底梯形渠道衬砌结构整体性强，从而坡板与弧形底板之间的相互作用更加显著。

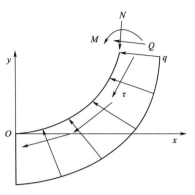

图 3.9　渠道弧形底板力学分析

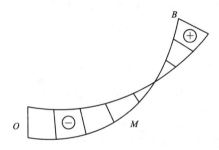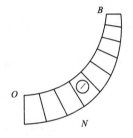

图 3.10　渠道弧形底板内力

（2）数值验算及理论分析表明，弧形底梯形渠道底板中心负弯矩的量值（取绝对值）显著小于梯形渠道底板，这表明弧形底梯形渠道具有更良好适应冻胀性能。坡板基本上都是较小的正弯矩且方向与梯形渠道相反，其最大值发生在坡脚处，这是弧形底梯形渠道往往在该处发生开裂、折断的原因。渠道坡板近似悬臂板从而在坡板顶部位移较大，坡脚处则常见集中裂缝。

3.3.4　工程算例

以泾惠渠四支渠试验段某素混凝土衬砌弧形底梯形渠道为例。该渠道采用 C15 混凝土衬砌，其中 $\gamma = 24\text{kN/m}^3$，边坡板长 L 为 1.32m，弧形底半径 R 为 2.03m，衬砌板厚为 0.15m，坡角为 45°。渠基土质为壤土，阴坡冻土层最低温度为 -15℃，阳坡冻土层最低温度为 -12℃。判断该衬砌结构是否会发生冻胀破坏，并判断可能发生胀裂的部位。

（1）由已知条件可以确定 C15 混凝土的极限拉应变及混凝土弹性模量：

$$\varepsilon_t = 0.50 \times 10^{-4}, \quad E_c = 2.2 \times 10^4 \text{(MPa)}$$

（2）参考文献（王正中，2004）得阳坡最大切向冻结力为：$\tau_0 = c + at$，取 $c = 0.4\text{kPa}$，$a = 0.6\text{kPa/℃}$，可得 $\tau_0 = 9.4\text{kPa}$。

（3）令边坡系数为 m，底弧直径与坡板长之比为 n，即 $m = \text{ctg}\alpha$，$n = 2R/L$，则本算例中 $m = 1$，$n = 3.08$。由式（3.21）可求得法向冻胀力最大值为

$$q = \frac{\tau}{m+n} + \frac{(2+\alpha n)b\gamma}{(m+n)\sin\alpha} = 2.30 + 5.53 = 7.83\text{(kPa)}$$

（4）渠坡板内力计算为

$$N(x_0) = \frac{-(\tau + \gamma b \sin\alpha)}{2L} x_0^2 = -7.88(\text{kN/m})$$

$$M(x_0) = \frac{-\tau b x_0^2}{4} + \frac{q x_0^2}{6L} - \frac{\gamma b \cos\alpha x_0^2}{2} = -0.56(\text{kN/m})$$

$$Q(x_0) = \frac{q x_0^2}{2L} - \gamma b \cos\alpha x_0 = 1.80(\text{kN/m})$$

最大拉应力为

$$\sigma_{\max} = \frac{6M}{b^2} - \frac{N}{b} = 96.87(\text{kPa})$$

混凝土衬砌板极限拉应力为

$$\sigma_t = \varepsilon_t E_c = 0.50 \times 10^{-4} \times 2.2 \times 10^4 = 1.1(\text{MPa})$$

因此，渠坡板不会发生冻胀破坏，这与工程实际相符。

（5）弧形底板内力计算

第一控制点即坡脚处截面内力为

$$N(x_0) = \frac{-(\tau + \gamma b \sin\alpha)L}{2} = -7.88(\text{kN/m})$$

$$M(x_0) = \frac{q L^2}{6} - \frac{\tau b L^2}{4} - \frac{\gamma b L^2 \cos\alpha}{2} = -0.56(\text{kN/m})$$

$$Q(x_0) = \frac{qL}{2} - \gamma b \cos\alpha L = 1.80(\text{kN})$$

第二控制点即弧形底中心处截面内力为

$$M_0 = R^2 \sin^2\alpha \frac{q}{2} + \frac{QR\sin2\alpha}{2} + M + 2NR\sin^2\frac{\alpha}{2} - \frac{\gamma b R^2 \sin\alpha}{2} = 0.52(\text{kN} \cdot \text{m/m})$$

$$N_0 = -Q\sin\alpha + N\cos\alpha - q(R - R\cos\alpha) - \frac{\tau R}{\alpha}(\alpha\sin\alpha + \cos\alpha - 1) = -17.88(\text{kN/m})$$

最大拉应力为

$$\sigma_0' = \frac{6M_0}{b^2} - \frac{N_0}{b} = 257.98(\text{kN/m}^2)$$

可知 $\sigma_0' \ll \sigma_t$，故渠道弧形底板不会发生冻胀破坏，这与工程实际相符。

由此可见，在本模型中，只需要选取一个控制变量即最大切向冻结力 τ_0，这正是本模型的特点。但最大切向冻结力 τ_0 的取值，仍需要进行详细的室内外试验研究。

3.3.5　小结

（1）该模型提出了弧形底梯形渠道衬砌结构冻胀破坏力学分析的简化模型及设计方法。通过合理的简化假设及理论分析，导出冻胀力、坡板及弧底板控制内力、结构抗裂能力、坡板及弧形底板胀裂部位等系列计算公式。经分析可得基本规律如下：

1）切向冻结力 τ 越大，渠基冻土对衬砌体约束作用越大，相应的法向冻胀力也就越大。

2）边坡系数 m 越大，渠道越开敞，法向冻胀力越小。边坡长度与弧形底半径之比越小，渠道越宽浅，侧边坡板对弧形底的约束越弱，弧形底所受法向冻胀力 q 就越小。

3）渠道衬砌板厚度越薄，其自重越小，相应的法向冻胀力 q 也越小。

（2）上述基本规律与工程实践相符，也与梯形渠道冻胀特征相类似。两者主要区别如下：

1）弧形底梯形渠道所受法向冻胀力显著小于梯形渠道，衬砌结构对基土冻胀的约束减弱。

2）弧形底梯形渠道自重对法向冻胀力的影响显著大于梯形断面渠道，这表明弧形底梯形渠道自重使其适应冻胀能力更强，弧形底梯形渠道衬砌冻胀变形的恢复及复位能力也更强。

3）渠道衬砌板自重及切向冻结力主要对截面轴力产生影响，坡板所受法向冻胀力主要对截面弯矩产生影响。渠道弧形底板所受法向冻胀力主要对截面轴力产生影响，弧形底板中心负弯矩（绝对值）较梯形渠道底板中心小，这也是弧形底梯形渠道抗冻胀能力强的原因之一。

3.4 基于断裂力学理论的梯形渠道冻胀破坏力学模型

渠道混凝土衬砌属于刚性结构，由于材料本身及施工质量等原因，结构发生宏观破坏前不可避免地存在随机分布的裂纹，称为初始裂纹。混凝土衬砌的开裂、折断等冻胀破坏模式可以视为各种荷载共同作用下衬砌结构随初始裂纹扩展而发生的断裂。李洪升等（1997，1999，2004，2006）基于断裂力学理论建立了冻土广义断裂力学准则。赵艳华、徐世烺等（2004）通过断裂力学理论建立了混凝土材料破坏的双 K、双 G 准则。断裂力学理论在冻土工程领域的应用虽已有所发展，但渠道衬砌结构在冻胀力作用下的开裂准则与断裂机理研究尚属空白。

首先对已有模型及断裂力学相关基础知识进行简要回顾。并通过在冻胀工程力学模型中引入线弹性断裂力学理论，研究渠道衬砌板、冻胀力与断裂韧度的关系，将衬砌结构的冻胀破坏视为（Ⅰ＋Ⅱ）复合型裂纹的扩展问题，为渠道衬砌结构的抗冻胀设计提供了一种新方法和思路。

3.4.1 基础理论与方法

断裂力学理论认为材料内部存在初始缺陷即存在初始裂纹，并研究裂纹的萌生、扩展直至失稳的全过程。由于材料本身及施工质量等原因，渠道混凝土衬砌体常存在大量初始裂纹（李洪升等，1997）。这些裂纹将对结构力学性能造成不利影响，并且容易在冻胀力荷载的作用下扩展失稳，最终导致结构破坏。

断裂力学通常分为线弹性断裂力学及弹塑性断裂力学。线弹性断裂力学主要适用于脆性材料，可应用于研究混凝土衬砌的裂纹扩展规律与断裂准则，故在此主要讨论线弹性断裂力学相关理论。线弹性断裂力学理论中，应力强度因子、断裂韧度及断裂破坏准则的确定与选取至关重要。现分别简要介绍如下。

1. 应力强度（K）因子

K 可表征裂纹尖端附近应力场的强弱程度，是判断裂纹失稳扩展的重要指标。对线弹性体而言，根据裂纹面断裂特征，裂纹可以分为以下三种类型：

（1）Ⅰ型裂纹（张开型）。垂直裂纹方向作用拉应力，裂纹张开扩展，扩展方向沿原裂纹方向（图 3.11）。

（2）Ⅱ型裂纹（滑开型）。平行裂纹方向作用剪应力，裂纹滑开扩展，扩展方向与原裂纹方向成一角度（图 3.12）。

（3）Ⅲ型裂纹（撕开型）。上、下裂纹面错开方向作用剪应力，裂纹扩展方向沿原裂纹方向（图 3.13）。

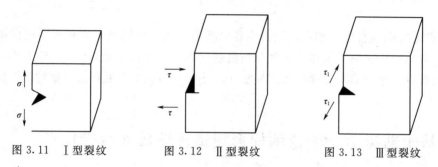

图 3.11　Ⅰ型裂纹　　　　图 3.12　Ⅱ型裂纹　　　　图 3.13　Ⅲ型裂纹

事实上，裂纹的萌生、扩展并不总是表现为单一类型，而往往表现为复合型。如渠道衬砌就是在冻胀力、冻结力共同作用下的压弯构件，由此导致的裂纹一般为（Ⅰ＋Ⅱ）复合型。需要指出，渠道衬砌一般极少发生Ⅲ型破坏，故此处从略。现根据断裂力学理论，对Ⅰ、Ⅱ型裂纹尖端应力场、位移场表达式归纳如下：

Ⅰ型：

$$\begin{Bmatrix} \sigma_x \\ \sigma_y \\ \tau_{xy} \end{Bmatrix} = \frac{K_{\mathrm{I}}}{\sqrt{2\pi r}}\cos\frac{\theta}{2}\begin{Bmatrix} 1-\sin\dfrac{\theta}{2}\sin\dfrac{3\theta}{2} \\ 1+\sin\dfrac{\theta}{2}\sin\dfrac{3\theta}{2} \\ \sin\dfrac{\theta}{2}\cos\dfrac{3\theta}{2} \end{Bmatrix} \tag{3.31}$$

$$\begin{Bmatrix} u \\ v \end{Bmatrix} = \frac{K_{\mathrm{I}}}{8G}\sqrt{\frac{2r}{\pi}}\begin{Bmatrix} (2\chi-1)\cos\dfrac{\theta}{2}-\cos\dfrac{3\theta}{2} \\ (2\chi+1)\sin\dfrac{\theta}{2}-\sin\dfrac{3\theta}{2} \end{Bmatrix} \tag{3.32}$$

式中：χ 为弹性系数；r、θ 为Ⅰ型裂纹尖端附近的极坐标；G 为剪切模量，Pa；v 为泊松比；K_{I} 为Ⅰ型应力强度因子，一般计算公式为

$$K_{\mathrm{I}} = Y_{\mathrm{I}}\sigma\sqrt{\pi a} \tag{3.33}$$

其中，Y_{I} 为Ⅰ型裂纹形状系数，与裂纹形状，位置等因素有关。

对于混凝土衬砌而言，Y_{I} 可简化为边裂纹形式，计算公式为

$$Y_{\mathrm{I}} = 1.122 - 1.4 \times \frac{a}{b} + 7.33 \times \left(\frac{a}{b}\right)^2 - 13.08\left(\frac{a}{b}\right)^3 + 14 \times \left(\frac{a}{b}\right)^4 \tag{3.34}$$

式中：a 为裂纹长度，m；b 材料宽度，m。

Ⅱ型：

$$\begin{Bmatrix} \sigma_x \\ \sigma_y \\ \tau_{xy} \end{Bmatrix} = \frac{K_{\text{Ⅱ}}}{\sqrt{2\pi r}} \cos\frac{\theta}{2} \begin{Bmatrix} -\sin\frac{\theta}{2}\left(2+\cos\frac{\theta}{2}\cos\frac{3\theta}{2}\right) \\ \sin\frac{\theta}{2}\cos\frac{\theta}{2}\cos\frac{3\theta}{2} \\ \cos\frac{\theta}{2}\left(1-\sin\frac{\theta}{2}\sin\frac{3\theta}{2}\right) \end{Bmatrix} \tag{3.35}$$

$$\begin{Bmatrix} u \\ v \end{Bmatrix} = \frac{K_{\text{Ⅰ}}}{8G}\sqrt{\frac{2r}{\pi}} \begin{Bmatrix} (2\chi+3)\sin\frac{\theta}{2}+\sin\frac{3\theta}{2} \\ (3-2\chi)\cos\frac{\theta}{2}-\cos\frac{3\theta}{2} \end{Bmatrix} \tag{3.36}$$

$$K_{\text{Ⅱ}} = Y_{\text{Ⅱ}}\tau\sqrt{\pi a} \tag{3.37}$$

其中，$Y_{\text{Ⅱ}}$ 为Ⅱ型裂纹形状系数。类似地，$Y_{\text{Ⅱ}}$ 也可简化为边裂纹形式，计算公式为

$$Y_{\text{Ⅱ}} = \frac{1}{\left(1-\frac{a}{b}\right)^{\frac{1}{2}}}\left[1.30-0.65\frac{a}{b}+0.37\left(\frac{a}{b}\right)^2+0.28\left(\frac{a}{b}\right)^3\right] \tag{3.38}$$

2. 断裂韧度

对某一具体裂纹而言，给定外载荷条件下每种材料的应力强度因子 K 都存在一个临界值 K_c，当达到这个临界值时，认为裂纹发生失稳扩展。临界值 K_c 反映材料固有属性，表征材料抵抗脆性起裂的能力，称为断裂韧度。实践表明，材料断裂韧度大多随着材料厚度增加而降低，同时取决于温度、加载速度、外部环境及裂纹尖端区域的材料属性等若干因素。

3. 断裂力学破坏准则

断裂韧度反映材料本身的固有属性，可以据此建立断裂破坏准则。其内涵可描述为：对于外载荷作用下含有初始裂纹的弹性体，当裂纹尖端应力强度因子不小于材料的断裂韧度时，裂纹将失稳扩展并导致结构破坏。断裂破坏准则是判定裂纹是否扩展的极限平衡条件。

混凝土衬砌体断裂破坏准则建立在线弹性断裂力学基础上，以断裂韧度 K_c 为力学指标。其一般表达式为

$$K \leqslant K_c \tag{3.39}$$

式中：K 为应力强度因子；K_c 为材料断裂韧度，对于不同类型裂纹可以通过试验测得。

Ⅰ型：

$$K_{\text{Ⅰ}} \leqslant K_{\text{Ⅰc}} \tag{3.40}$$

式中：$K_{\text{Ⅰ}}$ 为Ⅰ型断裂应力强度因子；$K_{\text{Ⅰc}}$ 为Ⅰ型断裂的材料断裂韧度。

Ⅱ型：

$$K_{\text{Ⅱ}} \leqslant K_{\text{Ⅱc}} \tag{3.41}$$

式中：$K_{\text{Ⅱ}}$ 为Ⅱ型断裂应力强度因子；$K_{\text{Ⅱc}}$ 为Ⅱ型断裂的材料断裂韧度。

工程实践中，除上述Ⅰ型和Ⅱ型断裂问题外，还存在大量复杂受力情况，即两种或两

种以上受力形式同时存在引起的复合型断裂问题。复合型断裂准则是否对混凝土衬砌有效，还有待进一步研究。现有大量理论与试验研究表明，为满足实际工程问题的需要，可以采用一些经验公式。此时虽然偏于保守，但是仍可以满足工程实践要求。

对于混凝土衬砌体来说，（Ⅰ＋Ⅱ）复合型裂纹作用下的断裂破坏准则可表示为

$$\begin{cases} K_{(Ⅰ+Ⅱ)} < K_{(Ⅰ+Ⅱ)c} & \text{不破坏} \\ K_{(Ⅰ+Ⅱ)} > K_{(Ⅰ+Ⅱ)c} & \text{破坏} \\ K_{(Ⅰ+Ⅱ)} = K_{(Ⅰ+Ⅱ)c} & \text{临界状态} \end{cases} \tag{3.42}$$

式中：$K_{(Ⅰ+Ⅱ)c}$ 为混凝土衬砌板在 Ⅰ＋Ⅱ 复合型裂纹的断裂韧度。

渠道混凝土衬砌板的破坏准则为

$$\begin{cases} K_{fi} < K_{fic} & \text{不破坏} \\ K_{fi} > K_{fic} & \text{破坏} \\ K_{fi} = K_{fic} & \text{临界状态} \end{cases} \tag{3.43}$$

式中：K_{fi} 为渠道混凝土衬砌板的应力强度因子；K_{fic} 为衬砌板的断裂韧度；i 表示衬砌结构发生的是何种破坏类型。

前已述及，渠道衬砌开裂通常为（Ⅰ＋Ⅱ）复合型断裂，即在法向冻胀力及切向冻结力共同作用下发生弯曲和剪切破坏。试验研究表明，（Ⅰ＋Ⅱ）复合型裂纹断裂破坏准则可以采用椭圆型，且同时考虑转轴特性，则其表达式为

$$K_{fⅠ} + K_{fⅡ} \geqslant K_{fⅠc} \tag{3.44}$$

混凝土衬砌体的断裂破坏准则具有以下特点：

（1）通过引入断裂力学理论建立的混凝土衬砌在不同冻胀力荷载作用下的断裂破坏准则，不仅可适用于梯形断面渠道，在其他断面形式渠道中也可以推广应用，是具有一般意义的断裂破坏准则。

（2）混凝土材料断裂韧度是与温度、加载速度、外部环境及裂纹尖端区域材料属性等不同因素有着密切联系的综合指标，从而弥补了已有模型考虑影响因素单一的不足。

（3）渠道衬砌板断裂破坏准则是广义破坏准则，不仅能够体现渠基冻土冻胀力产生的冻胀效应，还可反映当衬砌板存在初始裂纹时由于其他各种因素对材料断裂的影响。

3.4.2 冻胀破坏断裂力学模型

基于断裂力学理论的冻胀工程力学模型由两部分组成。以梯形渠道为例：首先，建立衬砌结构在冻胀力作用下的传统力学模型；其次，将传统冻胀工程力学模型与线弹性断裂力学理论相结合构建冻胀断裂力学模型，并可用于抗冻设计。

传统冻胀工程力学模型前已述及。渠道衬砌各点水分补给与太阳辐射差异将导致阴坡、阳坡、渠底基土冻深差异，也将导致冻胀力、冻结力分布的横向差异。渠道坡板开裂发生部位多在中下部（距底部 1/4～1/3 坡板长处），底板则多在中心线处，裂纹走向均为渠道延伸方向。

梯形渠道断面示意图如图 3.1 和图 3.2 所示。以下分别对渠道坡板和底板进行冻胀工程力学分析。选取单位宽度阴坡衬砌板为研究对象，将其视为法向冻胀力 q、切向冻结力 τ 联合作用下的厚度为 b、长度为 L 的简支梁。其力学分析如图 3.14 所示，其中 q_{max} 为

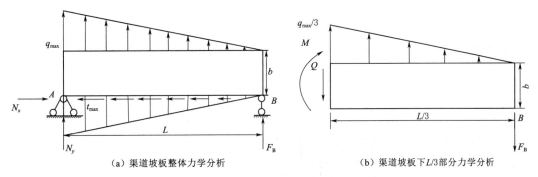

（a）渠道坡板整体力学分析　　　　　　（b）渠道坡板下 $L/3$ 部分力学分析

图 3.14　渠道坡板力学分析

渠道坡板所受最大法向冻胀力，τ_{max} 为最大切向冻结力。N_x 为渠道底板对坡板的顶推力，N_y 为渠道底板对坡板的法向约束反力，F_B 为法向冻结力。L 为法向冻胀力的有效影响范围，且 $b/L=1/12\sim1/8$。

对图 3.14（a）所示的渠坡衬砌板而言，其最不利位置在距 B 端 $L/3$ 处。该位置截面不仅受法向冻胀力 q、法向冻结力 F_B 引起的弯矩作用，还受剪力作用。力学分析简图如图 3.14（b）所示。

相关内力计算如下：

（1）法向冻胀力合力与法向冻结力为

$$F_q=\frac{2}{3}q_{max}\ \frac{2}{3}L\ \frac{1}{2}=\frac{2}{9}q_{max}L \tag{3.45}$$

$$F_B=\frac{1}{6}q_{max}L-\frac{1}{4}\tau_{max}b \tag{3.46}$$

（2）截面剪力为

$$Q=F_B-F_q=\frac{1}{18}q_{max}L+\frac{1}{4}\tau_{max}b \tag{3.47}$$

（3）截面弯矩为

$$M_q=\frac{4}{81}L^2q_{max} \tag{3.48}$$

$$M_{F_B}=\frac{1}{9}L^2q_{max}-\frac{1}{6}bL\tau_{max} \tag{3.49}$$

$$M=M_q+M_{F_B}=\frac{5}{81}L^2q_{max}-\frac{1}{6}bL\tau_{max} \tag{3.50}$$

底板力学分析如图 3.15 所示，最大剪力在坡脚处，最大弯矩在底板中心点处，由于渠道坡板与底板间留有填缝，可引起应力释放，从而裂纹一般出现在最大弯矩处即底板中心处。

渠道底板中心处的剪力 $Q_底$ 为

$$Q_底=N_y\cos\alpha-N_x\sin\alpha+\frac{L}{2}q_{max}=\left(\frac{1}{3}q_{max}L+\frac{1}{4}\tau_{max}b\right)\cos\alpha-\frac{\tau_{max}}{2}L\sin\alpha+\frac{L}{2}q_{max} \tag{3.51}$$

则渠底板中心处的切应力 $\tau_{渠底}$ 为

$$\tau_{渠底} = \frac{Q_{底}}{b} = \left(\frac{8}{3} q_{max} + \frac{1}{4} \tau_{max} \right) \cos\alpha - 4\tau_{max} \sin\alpha + 4q_{max} \tag{3.52}$$

渠底板中心处的弯矩 $M_{渠底}$ 为

$$M_{渠底} = \frac{L}{2} N_y \cos\alpha - \frac{L}{2} N_x \sin\alpha + \frac{L^2}{4} q_{max} = 4b^2 \left(\frac{8}{3} q_{max} + \frac{1}{4} \tau_{max} \right) \cos\alpha - 16b^2 \tau_{max} \sin\alpha + 16b^2 q_{max} \tag{3.53}$$

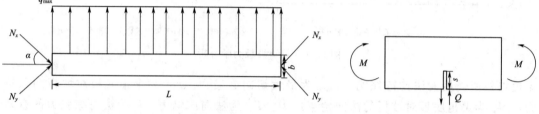

图 3.15　渠道底板力学分析　　　　　　图 3.16　裂纹受力放大

实际上初始裂纹应为随机分布，但限于篇幅，这里仅考虑危险截面上的初始裂纹，并设该裂纹长度为 s。这是一个弯矩与剪力联合作用下的断裂力学问题，即（Ⅰ＋Ⅱ）复合型断裂问题。考虑如图 3.16 所示的（Ⅰ＋Ⅱ）复合型裂纹，其断裂准则为

$$K_{fⅠ} + K_{fⅡ} \geqslant K_{fⅠc} \tag{3.54}$$

取其临界条件为

$$K_{fⅠ} + K_{fⅡ} = K_{fⅠc} \tag{3.55}$$

式中：$K_{fⅠ}$ 为发生Ⅰ型应力强度因子；$K_{fⅡ}$ 为发生Ⅱ型应力强度因子；$K_{fⅠc}$ 为衬砌断裂韧度。下同。

此外：

$$K_{fⅠ} = \frac{6M}{b^2} \sqrt{\pi s} F\left(\frac{s}{b} \right) \tag{3.56}$$

$$K_{fⅡ} = 1.1215 \frac{Q}{b} \sqrt{\pi s} \tag{3.57}$$

$$F\left(\frac{s}{b} \right) = 1.122 - 1.4 \times \frac{s}{b} + 7.33 \times \left(\frac{s}{b} \right)^2 - 13.08 \left(\frac{s}{b} \right)^3 + 14 \times \left(\frac{s}{b} \right)^4 \tag{3.58}$$

式中：M 为截面弯矩，N·m；Q 为截面剪力，N；b 为衬砌板厚度，m；s 为初始裂纹长度，m。下同。

现仅考虑渠道坡板沿坡面距坡脚 1/3 坡板长处截面，将式（3.50）代入式（3.56）可得

$$K_{fⅠ} = \frac{6}{b^2} \left(\frac{5}{81} L^2 q_{max} - \frac{1}{6} bL\tau_{max} \right) \sqrt{\pi s} F\left(\frac{s}{b} \right) \tag{3.59}$$

选取 $b/L = 1/8$，式（3.59）又可化为

$$K_{fⅠ} = \frac{6}{b^2} \left(\frac{5}{81} L^2 q_{max} - \frac{1}{6} bL\tau_{max} \right) \sqrt{\pi s}\, \mathrm{F}\left(\frac{s}{b} \right)$$

$$= 6 \left(\frac{320}{81} q_{max} - \frac{4}{3} \tau_{max} \right) \sqrt{s} \left(1.99 - 2.44 \frac{s}{b} \right) \tag{3.60}$$

再根据式（3.55）可得

$$F\left(\frac{s}{b}\right)=\frac{K_{fIc}-1.1215\dfrac{Q}{b}\sqrt{\pi s}}{6\left(\dfrac{320}{81}q_{max}-\dfrac{4}{3}\tau_{max}\right)\sqrt{\pi s}} \tag{3.61}$$

结合式（3.58）便可算出渠道坡板厚度 b。

底板与坡板相类似，也可视为（Ⅰ+Ⅱ）复合型断裂力学问题，选取断裂准则为

$$K_{fI}+K_{fII}=K_{fIc} \tag{3.62}$$

通过完全类似的推导过程，渠道底板临界厚度可由下式结合式（3.58）导出：

$$F\left(\frac{s}{b}\right)=\frac{K_{fIc}-1.1215\tau_{渠底}\sqrt{\pi s}}{6\times\left[4\left(\dfrac{8}{3}q_{max}+\dfrac{1}{4}\tau_{max}\right)\cos\alpha-16\tau_{max}\sin\alpha+16q_{max}\right]\sqrt{\pi s}} \tag{3.63}$$

3.4.3 工程算例

以甘肃靖会灌区某梯形渠道为例，不同冻结期各部位月平均表面温度及冻深见表 3.1。

表 3.1　　　　　　　　　　　　　原型渠道资料概况

渠床土质	部位	冻深/cm	土体月平均温度/℃
粉质黏土	阴坡	80	−4.85
	渠底	61	−5.22
	阳坡	47	−4.75

试求：上述渠道各部位衬砌体的适宜厚度。

（1）确定所需参数。

根据相关试验，混凝土材料的（Ⅰ+Ⅱ）复合型裂纹 K_{fIc} 为 $0.6\sim1.2\text{MPa}\cdot\text{m}^{1/2}$，这里取 $K_{fIc}=0.6\text{MPa}\cdot\text{m}^{1/2}$。最大法向冻胀力 q_{max} 与最大切向冻结力 τ_{max}：根据 3.2 节中相关内容可得 $q_{max}=8.32\text{kPa}$，$\tau_{max}=3.31\text{kPa}$。混凝土板初始裂纹长度取为 $s=3\text{mm}$。坡角为 $\alpha=45°$。

（2）抗冻胀设计。

1）阴坡。由式（3.47），可得阴坡距坡脚 1/3 坡板长处所在截面切应力为

$$\tau_{阴坡}=\frac{4}{9}q_{max}+\frac{1}{4}\tau_{max}=4.53\text{kPa}$$

再由式（3.61）得

$$F\left(\frac{s}{b}\right)_{阴}=\frac{K_{fIc}-1.1215\tau_{坡板}\sqrt{\pi s}}{6\times\left(\dfrac{320}{81}q_{max}-\dfrac{4}{3}\tau_{max}\right)\sqrt{\pi s}}=3.6$$

结合式（3.58）可得

$$F\left(\frac{s}{b}\right)_{阴}=1.122-1.4\times\frac{s}{b}+7.33\times\left(\frac{s}{b}\right)^{2}-13.08\left(\frac{s}{b}\right)^{3}+14\times\left(\frac{s}{b}\right)^{4}$$

利用 MATLAB 编程对上式进行求解即可得阴坡板厚 $b_\text{阴}=12\text{cm}$。

2）阳坡。阴、阳坡受力特征相似但地温不同，从而最大切向冻结力有所不同。类似地，阳坡最大切向冻结力为 $\tau_\text{max}=3.25\text{kPa}$。断裂韧度、裂纹尺寸与阴坡坡板相同。则由式（3.47），阳坡距坡脚 $1/3$ 坡板长处所在截面切应力为

$$\tau_\text{阳坡}=\frac{Q}{b}=\frac{4}{9}q_\text{max}+\frac{1}{4}\tau_\text{max}=4.51\text{kPa}$$

根据式（3.61）可得

$$F\left(\frac{s}{b}\right)_\text{阳}=\frac{K_\text{fⅠc}-1.1215\tau_\text{坡板}\sqrt{\pi s}}{6\times\left(\dfrac{320}{81}q_\text{max}-\dfrac{4}{3}\tau_\text{max}\right)\sqrt{\pi s}}=15.97$$

结合式（3.58）可得

$$F\left(\frac{s}{b}\right)_\text{阳}=1.122-1.4\times\frac{s}{b}+7.33\times\left(\frac{s}{b}\right)^2-13.08\left(\frac{s}{b}\right)^3+14\left(\frac{s}{b}\right)^4$$

利用 MATLAB 编程对上式进行求解即可得阳坡板厚 $b_\text{阳}=7\text{cm}$。

3）底板。根据式（3.52）得渠底中心点出的切应力为

$$\tau_\text{渠底}=\frac{Q_\text{底}}{b}=\left(\frac{8}{3}q_\text{max}+\frac{1}{4}\tau_\text{max}\right)\cos\alpha-4\tau_\text{max}\sin\alpha=6.27\text{kPa}$$

再由式（3.63）可得

$$F\left(\frac{s}{b}\right)_\text{渠底}=\frac{K_\text{fⅠc}-1.1215\tau_\text{渠底}\sqrt{\pi s}}{6\times\left[4\left(\dfrac{8}{3}q_\text{max}+\dfrac{1}{4}\tau_\text{max}\right)\cos\alpha-16\tau_\text{max}\sin\alpha+16q_\text{max}\right]\sqrt{\pi s}}=5.38$$

结合式（3.58）可得

$$F\left(\frac{s}{b}\right)_\text{渠底}=1.122-1.4\times\frac{s}{b}+7.33\times\left(\frac{s}{b}\right)^2-13.08\left(\frac{s}{b}\right)^3+1.4\times\left(\frac{s}{b}\right)^4$$

利用 MATLAB 编程对上式进行求解即可得渠道底板厚度 $b_\text{渠底}=10\text{cm}$。

3.4.4　小结

（1）渠道混凝土衬砌体为刚性衬砌结构，由于材料本身及施工质量等原因使衬砌板表面不可避免地存在随机分布的初始裂纹。断裂力学理论主要研究对象为存在初始缺陷的脆性材料，因此断裂力学理论可以有效地用于旱寒区渠道素混凝土衬砌的力学分析及抗冻裂设计。通过合理地简化假设，在已有传统渠道冻胀工程力学模型的基础上，结合线弹性断裂力学理论，建立了梯形渠道冻胀破坏断裂力学模型。

（2）引入混凝土衬砌板断裂韧度作为强度指标，建立不同冻胀力荷载作用下混凝土衬砌脆性破坏的断裂力学破坏准则。冻胀条件下混凝土衬砌初始裂纹（或次生裂纹）的萌生、扩展、失稳是在弯矩和剪力联合作用下产生的，符合线弹性断裂力学中（Ⅰ＋Ⅱ）复

合型裂纹的特点。

3.5 基于断裂力学理论的 U 形渠道冻胀破坏力学模型

与弧形底梯形渠道类似，U 形断面渠道相比梯形断面渠道具有占地面积小，水力条件好，挟沙能力强，适应冻胀能力强（如冻胀力分布均匀、冻胀变形复位能力强）等诸多优点，在北方灌区得到广泛应用。如前所述，在施工及混凝土硬化过程中，渠道衬砌将产生随机分布的初始裂缝。在冻胀力、冻结力荷载的联合作用下，这些初始裂缝的萌生、扩展、失稳将导致渠道衬砌断裂破坏。把断裂力学理论引入 U 形断面渠道冻胀工程力学分析中，具有重要意义。

根据线弹性断裂力学理论，应用有限元分析软件 Abaqus 对混凝土衬砌板裂缝扩展进行模拟，进一步确定裂缝扩展类型为"垂直张开型＋剪切滑移型"的复合问题。考虑到渠道坡板法向冻结力沿坡面呈线性分布，以混凝土衬砌板断裂韧度为依据，基于双 K 断裂准则提出 U 形断面渠道冻胀破坏断裂力学模型。

3.5.1 混凝土衬砌板裂缝扩展分析

应用 Abaqus 有限元分析软件，基于 Xfem 模块对于渠坡、渠底衬砌板初始裂缝扩展变形的几何特征进行分析。混凝土衬砌板在硬化、干缩和温度作用等情况下易生成初始裂缝。根据工程实例，取初始裂缝深度 $a=1.5\mathrm{cm}$；混凝土衬砌为各向同性材料，衬砌板厚取 $b=12\mathrm{cm}$，弹性模量为 $E=2.4\times10^{4}\mathrm{MPa}$；泊松比为 $\nu=0.2$。采用 Xfem 模块对裂缝的扩展过程进行模拟。

1. 渠道坡板裂缝扩展分析

渠道坡板中初始裂缝的扩展是在线性分布的法向冻胀力、冻结力的共同作用下发生的。力学分析如图 3.17 所示。其中，N_x、N_y 为坡板与底板连接处截面轴力与剪力；M 为该截面弯矩；q 为单位面积上法向冻胀力；q_t 为法向冻结力；τ 为切向冻结力；法向冻结力呈倒三角形规律自坡板中部至坡顶处线性增大。根据已有研究对衬砌结构的力学分析，坡板沿坡面距离坡脚 1/3 坡板长处截面弯曲拉应力最大。因此，分布在该处的初始裂缝更易发生失稳开裂。应用 Abaqus 软件对该初始裂缝的扩展进行简化模拟，结果如图 3.18 所示。

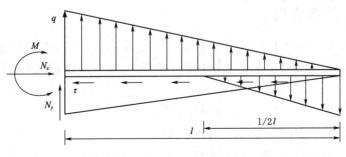

图 3.17 渠道坡板力学分析

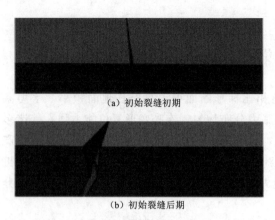

（a）初始裂缝初期

（b）初始裂缝后期

图 3.18 渠道坡板初始裂缝简化扩展模拟

观察渠道坡板初始裂缝扩展过程及裂缝几何特征可见：坡板初始裂缝在扩展初期为垂直张开型裂缝（Ⅰ型）；随后在冻胀力、冻结力荷载联合作用下，同步产生平行于裂缝表面、垂直于裂缝尖端线的剪应力，进而导致裂缝面相对滑动并形成剪切滑移型裂缝（Ⅱ型）。

2. 渠道底板裂缝扩展分析

渠道底板厚度与初始裂缝深度取值与坡板相同，力学分析如图 3.19 所示。

根据已有研究，渠道底板中线处所在截面弯曲拉应力最大。因此，分布在该截面附近的初始裂纹最易发生失稳开裂，导致衬砌板的破坏，故以该处裂纹为例进行裂缝扩展简化模拟。由于弧形底的"反拱"效应，该处初始裂纹扩展现象并不明显，为便于观察，对模拟结果进行放大，结果如图 3.20 所示。可见，渠道底板中线附近裂缝始终为垂直张开型（Ⅰ型）。

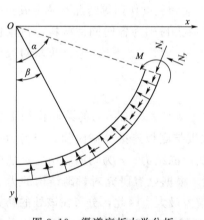

图 3.19 渠道底板力学分析

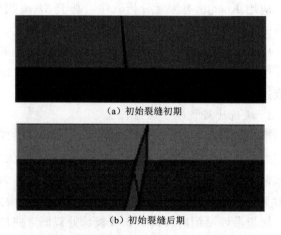

（a）初始裂缝初期

（b）初始裂缝后期

图 3.20 渠道底板初始裂缝简化扩展模拟

3.5.2 基础理论与方法

初始裂缝是否进一步失稳扩展取决于应力强度因子 K，可由应力强度因子结合断裂韧度建立断裂破坏准则。对垂直张开型裂缝（Ⅰ型），平面应变条件下可采用如下断裂破坏准则：

$$K_{\mathrm{I}} = K_{\mathrm{Ic}} \tag{3.64}$$

式中，K_{I} 为Ⅰ型应力强度因子；K_{Ic} 为断裂韧度。

已有研究假设断裂 K 准则中应力强度因子与断裂韧度之间呈线性关系。由于混凝土是非均质、半脆性材料，该假设并不完全符合实际，通过应力强度因子与断裂韧度的简单线性组合表示混凝土断裂 K 准则也不尽合理。本模型由 K_{I}、K_{II} 与 K_{Ic} 建立混凝土断裂 K 准则。根据混凝土（Ⅰ＋Ⅱ）复合型断裂试验数据分析，发现 $K_{\mathrm{I}}/K_{\mathrm{Ic}}$ 与 $K_{\mathrm{II}}/K_{\mathrm{Ic}}$ 平均值近似按椭圆曲线分布，可以采用应力强度因子法通过椭圆方程把（Ⅰ＋Ⅱ）复合型裂缝断裂 K 准则表示为

$$\frac{K_{\mathrm{I}}^2}{K_{\mathrm{Ic}}^2}+\frac{K_{\mathrm{II}}^2}{aK_{\mathrm{Ic}}^2}=1 \quad (K_{\mathrm{I}}\geqslant0,\ K_{\mathrm{II}}\geqslant0) \tag{3.65}$$

对于 $K_{\mathrm{I}}/K_{\mathrm{Ic}}$ 与 $K_{\mathrm{II}}/K_{\mathrm{Ic}}$ 的平均值，可采用最小二乘法进行数据回归分析得到 K 准则为

$$K_{\mathrm{I}}^2+4.203K_{\mathrm{II}}^2=K_{\mathrm{Ic}}^2 \tag{3.66}$$

其中：

$$K_{\mathrm{I}}=\frac{6M_l}{Bb^{3/2}}f\left(\frac{a}{b}\right) \tag{3.67}$$

$$K_{\mathrm{II}}=\frac{Q_l}{Bb^{1/2}}f\left(\frac{a}{b}\right) \tag{3.68}$$

$$f\left(\frac{a}{b}\right)=2.9\left(\frac{a}{b}\right)^{1/2}-4.6\left(\frac{a}{b}\right)^{3/2}+21.8\left(\frac{a}{b}\right)^{5/2}-37.6\left(\frac{a}{b}\right)^{7/2}+38.7\left(\frac{a}{b}\right)^{9/2} \tag{3.69}$$

式中：M_1 为截面弯矩，kN·m；Q_1 为截面剪力，kN；B 为单宽，m；b 为衬砌板厚度，m；a 为初始裂缝深度，m。

3.5.3 衬砌结构内力计算

结合 U 形断面渠道传统冻胀工程力学模型与 K 准则，建立冻胀破坏断裂力学模型。渠道断面如图 3.21 所示，渠道坡板长为 L，弧底半径为 R，圆弧中心角为 2α，衬砌板厚为 b。

1. 冻胀破坏特征及简化假设

U 形渠道顶部承受冻胀力较小，底部承受冻胀力较大。坡板距坡板与底板连接处 1/3 坡板长处及渠底中线附近易产生裂缝。根据相关试验研究与工程实践经验，作如下简化假设：

（1）水分可直接补给至渠顶，坡板顶部与渠基冻土可牢固冻结在一起。数值模拟表明，法向冻结力主要作

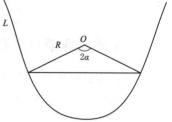

图 3.21　U 形渠道断面

用在坡板中上部，具体分布规律受温度条件及水分条件影响。为简化计算，认为法向冻结力作用在坡板中上部且呈线性分布，在坡顶取最大值，在坡板中心处为 0。

（2）认为渠坡板上切向冻结力沿坡面呈线性分布，在坡板顶部为 0，坡板与底板连接处达到最大值。坡板距坡板与底板连接处 1/3 坡板长处及渠顶中心处裂缝为（Ⅰ＋Ⅱ）复合型裂缝。

2. 渠道坡板内力计算

渠道坡板力学计算简图及各变量含义如图 3.14 所示。根据静力平衡条件可得

$$N_x = \frac{1}{2}\tau l$$

$$N_y = \frac{(q_t - 2q)l}{4}$$

$$M = \frac{4ql^2 - 5q_t l^2 - 6\tau bl}{24}$$

(3.70)

取距坡板与底板连接处 1/3 坡板长处为最不利位置。该处截面弯矩为

$$M_{lc} = \frac{4ql^2 - 3\tau bl}{27} - \frac{q_t l^2}{8}$$

(3.71)

截面剪力为

$$Q_{lc} = \frac{q_t l}{4} - \frac{2ql}{9}$$

(3.72)

3. 渠道底板内力计算

渠道底板力学计算如图 3.15 所示。取任意角度 β，由 β 角处由静力平衡条件可得对应角处截面弯矩与剪力。同时可得弧形底中心线处（$\beta = 0°$）的截面弯矩与剪力如下：

该处截面弯矩为

$$M_\beta = \tau lr\sin^2\alpha + \frac{rl\sin\alpha\ (q_t - 2q)}{4} - 2qr^2\sin^2\frac{\alpha}{2}$$
$$+ \frac{\tau r^2\ (\alpha^2 + 2\cos\alpha - 2)}{2\alpha} + \frac{ql^2 - 5q_t l^2 - 6\tau bl}{24}$$

(3.73)

式中：r 为弧形底半径。

该处截面剪力为

$$Q_\beta = \frac{\tau l\sin\alpha}{2} + \frac{l\cos\alpha(q_t - 2q)}{4} + \frac{\tau r(\alpha - \sin\alpha)}{\alpha} - qr\sin\alpha$$

(3.74)

3.5.4　冻胀破坏断裂力学模型

1. 坡板冻胀破坏断裂力学模型

如前所述，在渠道坡板处形成与扩展的是（Ⅰ＋Ⅱ）复合型裂缝。由式（3.67）、式（3.68）可得

$$K_{\,\text{I}} = \left(\frac{4ql^2 - 3\tau bl}{27Bb^{3/2}} - \frac{q_t l^2}{8Bb^{3/2}}\right)f\left(\frac{a}{b}\right)$$

(3.75)

$$K_{\,\text{II}} = \frac{9q_t l - 8ql}{36Bb^{1/2}}f\left(\frac{a}{b}\right)$$

(3.76)

引进混凝土断裂韧度的经验公式为

$$K_{\,\text{Ic}} = 0.197 + 0.232\ln a - 1.96S$$

(3.77)

式中：$K_{\,\text{Ic}}$ 为断裂韧度，MPa·m；a 为裂缝深度；S 为标准差，可取为 0.075。联立式（3.66）、式（3.69）、式（3.75）和式（3.76）为渠道坡板冻胀破坏断裂破坏力学模型。

2. 渠道弧形底板冻胀破坏断裂力学模型

U 形渠道渠底中部裂缝为张开型（Ⅰ型）裂缝，但由于法向冻胀力与切向冻结力联合作用有引起弯剪破坏的可能。因此，在此偏安全地采用（Ⅰ＋Ⅱ）复合型裂缝断裂 K 准则建立弧形底板冻胀破坏断裂力学模型。同理，由式（3.67）、式（3.68）可得

$$K_{\mathrm{I}} = \left[\frac{6\tau lr\sin^2\alpha + \dfrac{3rl\sin\alpha(q_{\mathrm{t}}-2q)}{2} + \dfrac{3\tau r^2(\alpha^2+2\cos\alpha-2)}{\alpha}}{Bb^{3/2}} \right.$$
$$\left. - \frac{12qr^2\sin^2\dfrac{\alpha}{2} + \dfrac{ql^2-5q_{\mathrm{t}}l^2-6\tau bl}{4}}{Bb^{3/2}} \right] f\left(\frac{a}{b}\right) \tag{3.78}$$

$$K_{\mathrm{II}} = \frac{\dfrac{\tau l\sin\alpha}{2} + \dfrac{l\cos\alpha(q_{\mathrm{t}}-2q)}{4} + \dfrac{\tau r(\alpha-\sin\alpha)}{\alpha} - qr\sin\alpha}{Bb^{1/2}} f\left(\frac{a}{b}\right) \tag{3.79}$$

联立式（3.66）、式（3.69）、式（3.78）和式（3.79），即为底板冻胀破坏断裂破坏力学模型。

3.5.5 工程算例

以陕西宝鸡峡灌区源下北某 U 形断面干渠为例，衬砌结构各部位对应基土冻深及平均地温见表 3.2。

表 3.2　　　　　　　　宝鸡峡灌区源下北干渠基本情况

渠道类型	渠床土质	部位	冻深 h/cm	冻胀量 Δh/cm	渠道基土月平均温度/℃
U 形	中壤土	阴坡	30	0.4	−8.5
		阳坡	10	0.2	−4.7
		渠底	28	0.5	−7.0

该渠道坡板长 $L=186\mathrm{cm}$，弧底半径 $r=300\mathrm{cm}$，$\alpha=70°$，渠道总高 $h=377\mathrm{cm}$。初始裂缝深度约为 $a=1.5\mathrm{cm}$。计算衬砌各部位在冻胀力与冻结力联合作用下防止断裂的适宜衬砌板厚度。

（1）阴坡。由传统冻胀工程力学模型（王正中，2004；陈涛等，2006；孙梁辰等，2013；李甲林等，2013），最大法向冻胀力取 $q=7.21\mathrm{kPa}$；最大法向冻结力取 $q_{\mathrm{t}}=4/3q$，即 $q_{\mathrm{t}}=9.61\mathrm{kPa}$，最大切向冻结力取 $\tau=5.5\mathrm{kPa}$。混凝土断裂韧度可由式（3.77）得 $K_{\mathrm{Ic}}=0.6783\mathrm{MPa}\cdot\mathrm{m}$。

联立式（3.66）、式（3.69）、式（3.75）和式（3.76）得

$$2.9\left(\frac{a}{b}\right)^{1/2} - 4.6\left(\frac{a}{b}\right)^{3/2} + 21.8\left(\frac{a}{b}\right)^{5/2} - 37.6\left(\frac{a}{b}\right)^{7/2} + 38.7\left(\frac{a}{b}\right)^{9/2} = 1.0043$$

考虑到 $a=1.5\mathrm{cm}$，通过 Steffensen 迭代法，可得 b 约为 10cm。

（2）阳坡。阳坡坡板最大法向冻胀力与阴坡坡板相同，取 $q=7.21\mathrm{kPa}$，同时法向冻结力 $q_{\mathrm{t}}=9.61\mathrm{kPa}$。但是由于地温不同，最大切向冻结力应取为 $\tau=3.22\mathrm{kPa}$。混凝土断裂

韧度为 $K_{Ic}=0.6783\text{MPa}\cdot\text{m}$。类似地,联立式(3.66)、式(3.69)、式(3.75)和式(3.76)并求解可得阳坡衬砌板厚度 $b=7\text{cm}$。

(3)弧形底。仍取法向冻胀力 $q=7.21\text{kPa}$,断裂韧度 $K_{Ic}=0.6783\text{MPa}\cdot\text{m}$。联立式(3.66)、式(3.69)、式(3.75)和式(3.76)可得弧底板厚度 $b=8\text{cm}$。

3.5.6 小结

根据对 U 形断面渠道衬砌板初始裂缝扩展规律的分析,将其裂缝视为(Ⅰ+Ⅱ)复合型裂缝。基于线弹性断裂力学理论,结合混凝土断裂韧度,建立了 U 形断面渠道衬砌双 K 断裂准则。应用该断裂准则,结合传统 U 形渠道冻胀工程力学模型,建立 U 形渠道冻胀破坏断裂力学模型。

第 4 章 非线性分布冻胀力的渠道冻胀
结构力学模型

4.1 基本框架

总结前一章节的总体建模思路为：以渠道坡板与渠基冻土间切向冻结约束失效为极限平衡状态，构造冻胀力、冻结力、板间相互作用力等之间的函数关系；再以最大切向冻结力的临界值为控制变量（已知条件），反算出冻胀力、冻结力大小和分布规律，并构建冻胀工程力学模型。前已指出，按该模型计算结果进行抗冻设计是偏安全的。但其缺点在于：①该模型计算结果偏安全，同时也就意味着是偏保守的，如有时验证极限平衡状态下衬砌结构将发生破坏，而当地气象、土质、水分条件下衬砌结构并不一定能达到极限平衡状态；②线性冻胀力分布假设可以极大地简化计算，并得出相对合理的计算结果，但显然不断引入更加准确的冻胀力分布规律，计算结果也将更加准确，这是一个使模型不断改进和迭代的过程；③实际建模过程中发现，此类模型对明显区分阴坡、阳坡的冻胀力、冻结力非对称分布的渠道适用性并不好。

非线性冻胀力分布的渠道冻胀工程力学模型仍沿用"力学-经验"建模思路，本质上是一种"两阶段法"：第一阶段通过大量工程实践经验和试验研究成果的总结，确定渠道衬砌各点对应处基土冻胀强度、自由冻胀量分布规律，偏安全地按自由冻胀量被完全约束确定冻胀力大小和分布；在此基础上，第二阶段依结构力学方法建立冻胀工程力学模型及冻胀破坏判断准则。显然，该模型未考虑冻土与衬砌结构间相互作用，未考虑冻胀力随衬砌冻胀变形的衰减行为，仍然是偏保守的，这有待进一步通过引入弹性地基梁的相关理论建模解决。

4.1.1 基本约定与假设

结合已有研究成果及工程实践经验（余书超，2002；王正中等，2004，2008；王俊发，2006；申向东等，2012；李甲林等，2013；孙杲辰等，2013；宋玲等，2015），引入如下基本假设：

（1）平面应变假设。通常渠道沿输水方向的几何尺寸远大于其某一个特定横断面尺寸，从而可以认为衬砌结构所承受冻胀力大小和分布沿输水方向不会发生变化，即在所有横断面上结构受力情况相同。这时只需对单宽截面进行力学分析即可，原来需对整个衬砌结构进行的力学分析简化为仅对某个单宽横断面的力学分析，即原问题被简化为一个平面应变问题。

（2）渠道基土在冻结前已固结完毕，不考虑冻土冻胀进一步对下覆未冻土层造成的压缩。结构形变保持在线弹性范围内，略去微小塑性变形后按断面初始尺寸和形状进行力学分析，不考虑不同荷载作用效果之间的相互影响，可应用迭加原理。

（3）在北方广大旱寒地区，冬季漫长、气温下降缓慢且负温持续时间长，渠基土体冻结速率迟缓，从而可把土体冻结过程视为准静态过程。发生冻胀破坏前始终处于平衡状态，而当发生冻胀破坏时则处于极限平衡状态。

（4）冻胀力荷载的局部性假设。把渠基冻土视为服从 Winkler 假设的弹性地基（蔡四维，1962；龙驭球，1981；中国船舶工业总公司第九设计院，1983；李顺群，2008；黄义等，2005；李方政，2005，2009；赵明华等，2011），从而衬砌各点所受冻胀力大小仅由各点对应处渠基冻土的局部冻胀特征和力学特性决定。对特定地区的特定气象、土质条件下的具体衬砌渠道，认为衬砌各点对应处冻土冻胀强度由各点至地下水埋深（即渠顶地下水位）的距离所决定。

（5）对梯形渠道而言，分布在衬砌板底部的切向冻结力大小沿坡板长呈线性分布，坡顶为 0，坡脚处达最大值，其方向为沿坡面自渠顶指向坡脚处。该作用力为冻土冻胀导致底板上抬而对坡板施加顶推力所引起的被动约束力，并与之平衡。此外，渠道基土对结构的冻胀作用简化为施加在结构上的冻胀力，同时认为冻土能对结构施加法向和切向被动冻结约束。

4.1.2　计算简图

现将开放系统下的现浇混凝土衬砌梯形渠道、预制板衬砌梯形渠道及整体式现浇混凝土衬砌曲线形断面渠道的断面示意图及力学分析简图总结如下。

4.1.2.1　现浇混凝土衬砌梯形渠道

图 4.1 为现浇混凝土衬砌梯形渠道断面。图 4.2 为现浇混凝土衬砌梯形渠道坡板力学分析，且阴坡坡板和阳坡坡板受力情况相似，故均由该图表示。图 4.3 为现浇混凝土衬砌梯形渠道底板力学分析。

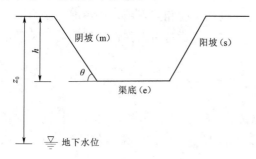

图 4.1　现浇混凝土衬砌梯形渠道断面

图 4.1 中 z_0 为渠顶至地下水位的距离，h 为渠道断面深度，θ 为坡板倾角。图 4.2 中 l_1 为坡板板长，b_1 为坡板板厚；A 点与 B 点分别表示渠顶与坡脚处；$q(x)$ 为分布在坡板底部的法向冻胀力；$\tau(x)$ 为分布在坡板底部的切向冻结力；N_a 为作用在坡板顶端的法向冻结合力，N_b 为坡板与底板间垂直坡板的相互作用力，N_c 为坡板与底板间平行坡板的相互作用力。图 4.3 中 l_2 为底板板长，b_2 为底板板厚；q_e 为分布在渠道底板底部的法向冻胀力；N_{bs} 和 N_{cs} 为底板与阳坡坡板间的相互作用力，N_{bm} 和 N_{cm} 为底板与阴坡坡板间的相互作用力。

后文中所有变量当下标为 m 时表示阴坡，为 s 时表示阳坡，为 e 时则表示渠底。

4.1.2.2　预制板衬砌梯形渠道

假设预制板衬砌梯形渠道渠坡预制板长度为 l，厚度为 b；渠底预制板长度为 l'，厚度为 b'。采用弹性填缝材料聚氨酯上覆水泥砂浆对接缝处填缝止水，聚氨酯与水泥砂浆

厚度比为 $b_1:b_2$，板间填缝宽度为 d。图 4.4 为预制板衬砌梯形渠道断面；图 4.5 为板间填缝；图 4.6 为预制板衬砌渠道坡板力学分析；图 4.7 为预制板衬砌渠道底板力学分析。θ 为倾角；α 和 β 则分别代表坡板上的两个板间填缝。

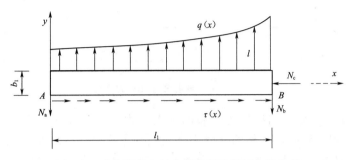

图 4.2　现浇混凝土衬砌梯形渠道坡板力学分析

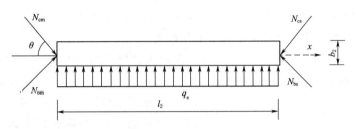

图 4.3　现浇混凝土衬砌梯形渠道底板力学分析

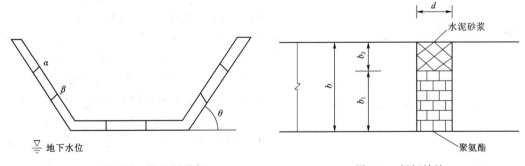

图 4.4　预制板衬砌梯形渠道断面　　　　图 4.5　板间填缝

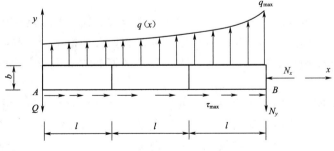

图 4.6　预制板衬砌渠道坡板力学分析

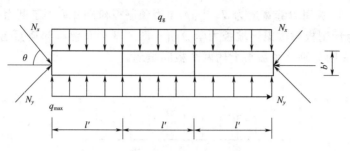

图 4.7 预制板衬砌渠道底板力学分析

如图 4.6 所示，衬砌法向冻胀力分布的最大值为 q_{max}，切向冻结力分布的最大值为 τ_{max}。冻土冻胀作用导致底板上抬的同时受到坡板约束而产生的顶推力为 N_x，作用在 A 点的力 Q 为基土对坡板的法向冻结力的合力，作用在 B 点的力为底板提供的垂直坡板的约束力 N_y。如图 4.7 所示，坡板与底板之间相互约束，作用力与反作用力大小相等且方向相反。渠道底部衬砌板均匀分布着大小为 q_{max} 的法向冻胀力，混凝土的比重为 γ'。

4.1.2.3 整体式现浇混凝土衬砌曲线形断面渠道

图 4.8 为整体式现浇混凝土衬砌曲线形断面渠道（以抛物形断面为例）。以渠底中心为原点建立坐标系 O-xy；m、s 分别为两侧坡顶；z_0 为地下水埋深（即渠顶地下水位），d 为渠底中心处地下水位；渠道断面深度为 h，开口宽度为 $2B$，衬砌板厚度为 b。图 4.9 为衬砌受力分布，包括法向冻胀力、法向冻结力和切向冻结力。N_m、N_s 分别为作用在渠道两侧坡顶的法向冻结约束力；$q(x)$ 为分布在渠道衬砌板底部的法向冻胀力；$\tau(x)$ 为分布在衬砌板底部的切向冻结力，围绕坐标原点 O，分布在左侧坡板上的切向冻结力为逆时针方向，分布在右侧坡板上的切向冻结力为顺时针方向；q_{max} 为法向冻胀力最大值，作用在渠底中心。对于曲线形断面渠道，由于受力方向逐点变化，为便于分析，可分解到 x 轴和 y 轴方向上。

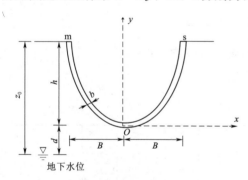

图 4.8 整体式现浇混凝土衬砌曲线形
断面渠道断面

4.1.3 基本框架

通过渠道衬砌结构冻胀工程力学分析即在冻胀力、冻结力等荷载作用下对衬砌结构各构件截面的内力、变形、应力和位移进行分析和计算，可根据不同冻胀破坏类型相应地建立渠道衬砌结构冻胀破坏判断准则，进而为指导寒区渠道防冻工程实践提供科学参考与理论依据。

首先应确定冻胀力（即冻土衬砌接触面应力）的大小与分布规律。主要以梯形渠道混凝土衬砌结构所承受的法向冻胀力为例，后续再推广到一般曲线形断面渠道衬砌结构法向冻胀力计算，并对大型梯形渠道坡板承受的切向冻胀力分布的计算进行讨论。

假定渠基冻土为服从 Winkler 假设的弹性地基，即衬砌所受冻胀力分布规律具有局部

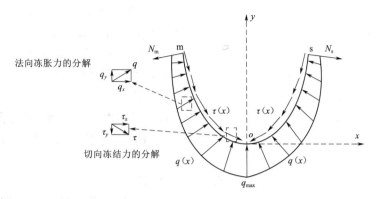

图 4.9 衬砌受力分布

性，其大小仅与衬砌结构各位点对应处的冻土冻胀强度与力学特性有关，其方向对梯形渠道而言为垂直衬砌板向外，对曲线形断面渠道而言为垂直于断面曲线各点切线方向朝外。前已述及，开放系统条件下，对特定地区特定气象、土质条件下的具体渠道而言，衬砌各点对应处冻土冻胀强度主要由地下水迁移、补给条件决定，即由各点至地下水埋深（即渠顶地下水位）的距离决定。基于此，综合考虑衬砌结构各点冻胀力、冻土冻胀强度及其至地下水埋深的距离（即各点地下水位）三者间的函数关系（图 4.10），可确定衬砌结构所受法向冻胀力分布规律。

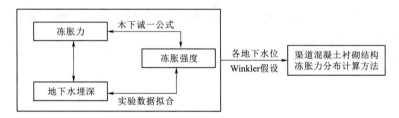

图 4.10 冻胀力、冻土冻胀强度及各点地下水位间的函数关系

前已述及，对特定气象、土质条件下的特定地区而言，冻土冻胀强度与地下水位间多呈双曲线或负指数关系。为分析与计算的方便，双曲线关系也可归一化为如下的负指数关系：

$$\eta(z) = a e^{-bz} \tag{4.1}$$

式中：$\eta(z)$ 为冻土冻胀强度，%；z 为计算点的地下水位（即至地下水埋深的距离），cm；a、b 为与特定地区特定气象、土质条件有关的经验系数，当条件具备时，通常应在特定地区通过在当地实施的现场试验数据由最小二乘法拟合获得。

把式（4.1）应用于梯形渠道衬砌各点，则对特定地区特定气象、土质条件下的具体渠道而言，经验系数 a、b 为定值，暂不考虑不同土质间相互夹杂及土质空间变异性对参数取值的影响。基于此，以坡板为例，开放系统下梯形渠道基土冻胀强度沿渠坡坡面分布规律为

$$\eta[z(x)] = a e^{-bz(x)} \tag{4.2}$$

式中：x 为计算点沿渠坡坡面至渠顶的距离（对应于坡板或底板分别采用如图 4.2 和图

4.3 所示坐标系,下同),cm;$\eta[z(x)]$ 为渠道坡板各点所对应处的基土冻胀强度,%;$z(x)$ 为渠道坡板各点至地下水埋深(即渠顶地下水位)的距离,cm。

渠道衬砌发生冻胀变形时会一定程度上释放和削减作用在衬砌板上的冻胀力,其释放、削减程度与衬砌各点冻胀位移大小有关。暂假定基土自由冻胀量 $\Delta h(x)$ 被衬砌板完全约束,即先不考虑冻胀力释放与削减,这是偏安全的。

目前法向冻胀力计算有多种方法。为便于分析,采用木下诚一提出的冻胀力与冻土冻胀强度的线性函数关系,从而由式(4.2)可得坡板各点所受法向冻胀力沿断面分布规律为

$$q(x)=E_{\mathrm{f}}\eta(x)=aE_{\mathrm{f}}\mathrm{e}^{-bz(x)} \tag{4.3}$$

式中:$q(x)$ 为分布在衬砌板上的法向冻胀力,MPa;E_{f} 为渠基冻土弹性模量,MPa。

从上述分析过程可知,式(4.3)是一个普遍适用的公式,对采用不同断面曲线形式的各类渠道而言,适当建立坐标系后把渠道断面各点至地下水埋深(即渠顶地下水位)的距离 $z(x)$ 代入即可。

现就梯形渠道而言,坡板顶端受渠基冻土法向冻结约束,同时坡脚处还与底板相互约束,从而可把坡板视为简支梁。如图 4.2 所示,对渠道坡板而言,由几何关系由下式成立:

$$z(x)=z_0-x\sin\theta \tag{4.4}$$

或

$$z(x)=\sin\theta(l-x)+z_0 \tag{4.5}$$

式中:x 为渠道坡板各点沿坡面至渠顶的距离,cm;l 坡板长度,cm;z_0 为渠顶地下水位,cm;θ 为坡板倾角,(°)。

把式(4.4)或式(4.5)代入式(4.3),可得梯形渠道坡板各点所的法向冻胀力沿渠坡坡面的分布规律为

$$q(x)=E_{\mathrm{f}}\eta(x)=aE_{\mathrm{f}}\mathrm{e}^{-b(z_0-x\sin\theta)} \tag{4.6}$$

或

$$q(x)=E_{\mathrm{f}}\eta(x)=aE_{\mathrm{f}}\mathrm{e}^{-b[\sin\theta(l-x)+z_0]} \tag{4.7}$$

对底板而言,由于各点至地下水埋深的距离相同,可认为冻胀力均匀分布,且其沿坡面的分布规律可由下式计算:

$$q_{\mathrm{e}}(x)=E_{\mathrm{f}}\eta(x)=aE_{\mathrm{f}}\mathrm{e}^{-b(z_0-h)} \tag{4.8}$$

式中:q_{e} 为作用在渠道底板底部的冻胀力,MPa;h 为渠道断面深度,cm。

确定冻胀力大小与分布规律后,可对渠道衬砌结构各构件各截面的内力、变形、应力及位移进行计算与分析,并可针对不同断面形式衬砌渠道分别建立相应的冻胀破坏判断准则。

4.2　小型现浇混凝土衬砌梯形渠道冻胀工程力学模型

在我国北部广大季节性冻土区,尤其是西北旱寒地区,由于降雨量稀少、渠道通常没有冬季行水,渠基土冻前初始含水率较低,渠基土体发生剧烈冻胀的主要水分来源是地下水迁移补给(暂不考虑地表或侧向水分补给等较复杂情形)。此时如果当地气温迅速降

低（即气温骤降）导致土体冻结速率过快，土中水分来不及迁移就已冻结，这种情形下的土体冻结称为封闭系统下的原位冻结，冻结强度较小，在寒区工程实践中也较少遇到。事实上，我国北部广大季冻区，冬季气温下降缓慢且持续时间较长，土体冻结速率迟缓，土中的水分有充足的时间进行迁移补给，从而容易引起土体剧烈冻胀，这也是我国寒区工程实践中最常见的情形。

由此可见，在我国北部广大地区，地下水迁移补给是决定冻土冻胀强度的重要影响因素。由于特定地区气象、土质条件相似，加之渠道特殊的槽形断面，渠道衬砌各点至地下水埋深（即渠顶地下水位）的距离不同导致的地下水补给强度差异成为决定渠坡各点冻土冻胀强度差异的主导因素。这是因为，当渠基土体冻前初始含水率较低时，受地下水补给的影响程度直接决定冻胀强度的大小和分布：受地下水补给影响越大则冻胀强度越大且分布越不均匀；受地下水补给影响很小的部分则冻胀强度小且趋于均匀分布。基于此，众多学者对开放系统下的土体冻结冻胀特征进行了深入研究。

此外，目前渠道冻胀工程力学分析和数值仿真多关注表层环境因素（如太阳辐射、保温措施和输水条件等），考虑地下水影响的研究相对较少。寒区工程实践中也往往仅按邻近气象站地下水埋深进行衬砌结构抗冻胀分析和设计，既未考虑衬砌板上距地下水埋深较近的点由于地下水补给更加充足导致冻土冻胀加剧，也未考虑衬砌板上各点至地下水埋深的距离不同而导致的差异冻胀变形。这两方面对高地下水位及挖方渠道的影响尤为显著，需给予更多关注。

根据 4.1 节所构建的力学分析基本框架，提出一种考虑地下水位影响的开放系统条件下现浇梯形渠道冻胀工程力学分析方法，并进一步分析现浇梯形渠道衬砌结构冻胀不均匀性。以新疆塔里木灌区某梯形渠道为例，对不同地下水埋深的渠道基土冻胀工程力学特征作对比分析。

4.2.1 现浇梯形渠道冻胀破坏力学模型

1. 模型方程组的建立与求解

渠道衬砌各位点所受冻胀力荷载分布由式（4.6）～式（4.8）计算。渠道断面示意图及坡板、底板力学分析简图如图 4.1～图 4.3 所示。考虑梯形渠道阴、阳坡的差异，即考虑冻胀力荷载在阴坡和阳坡的不对称分布情形。此时在冻胀力作用下，包括作用在阴坡衬砌板、阳坡衬砌板顶部的法向冻结约束力 N_{am}、N_{as}，分布在阴坡衬砌板、阳坡衬砌板底部的切向冻结约束力 $\tau_m(x)$、$\tau_s(x)$，阴坡衬砌板与底板间的相互作用力 N_{bm}、N_{cm}，阳坡衬砌板与底板间的相互作用力 N_{bs}、N_{cs}，力学模型共 8 个未知量需要求解。其中坡板与底板间的相互作用力 N_{cm}、N_{cs} 主要由底板对坡板施加的顶托力产生，常表现为轴向压力。为了便于分析，取预设方向为负值，但其余荷载仍取预设方向为正值。

由阴坡坡板静力平衡条件可导出以下三个方程：

$$\int_0^{l_1} q_m(x)\,\mathrm{d}x - N_{am} - N_{bm} = 0 \tag{4.9}$$

$$N_{cm} + \int_0^{l_1} \tau_m(x)\,\mathrm{d}x = 0 \tag{4.10}$$

$$\int_0^{l_1} q_{\mathrm{m}}(x)x\,\mathrm{d}x + \int_0^{l_1} \tau_{\mathrm{m}}(x)\frac{b_1}{2}\mathrm{d}x - N_{\mathrm{bm}}l_1 = 0 \tag{4.11}$$

由阳坡坡板静力平衡条件又可导入以下三个方程：

$$\int_0^{l_1} q_{\mathrm{s}}(x)\,\mathrm{d}x - N_{\mathrm{as}} - N_{\mathrm{bs}} = 0 \tag{4.12}$$

$$N_{\mathrm{cs}} + \int_0^{l_1} \tau_{\mathrm{s}}(x)\,\mathrm{d}x = 0 \tag{4.13}$$

$$\int_0^{l_1} q_{\mathrm{s}}(x)x\,\mathrm{d}x + \int_0^{l_1} \tau_{\mathrm{s}}(x)\frac{b_1}{2}\mathrm{d}x - N_{\mathrm{bs}}l_1 = 0 \tag{4.14}$$

再由渠道底板静力平衡可导出以下二个方程：

$$q_{\mathrm{e}}l_2 + (N_{\mathrm{bs}} + N_{\mathrm{bm}})\cos\theta + (N_{\mathrm{cs}} + N_{\mathrm{cm}})\sin\theta = 0 \tag{4.15}$$

$$(N_{\mathrm{bm}} - N_{\mathrm{bs}})\sin\theta - (N_{\mathrm{cm}} - N_{\mathrm{cs}})\cos\theta = 0 \tag{4.16}$$

以上各式中：l_1 和 b_1 分别为坡板板长与板厚，cm；l_2 为底板板长，cm；q_{e} 为分布在底板上的法向冻胀力，MPa；θ 为渠坡倾角，(°)。

联立以上 8 个方程可求解前述 8 个未知量。为便于叙述，引入如下记法：$k_{\mathrm{m}} = (l_1 E_{\mathrm{fm}})/(bh)$，$k_{\mathrm{s}} = (l_1 E_{\mathrm{fs}})/(bh)$，$f(t) = (e^t - 1)/t$。由式（4.9）～式（4.14）可得

$$N_{\mathrm{cm}} = -0.5\tau_{\mathrm{m}}(l_1)l_1 \tag{4.17}$$

$$N_{\mathrm{cs}} = -0.5\tau_{\mathrm{s}}(l_1)l_1 \tag{4.18}$$

$$N_{\mathrm{bm}} = \frac{1}{l_1}\left\{ k_{\mathrm{m}}ae^{-bz_0}\left[e^{bh} - f(bh)\right] - \frac{1}{2}N_{\mathrm{cm}}b_1 \right\} \tag{4.19}$$

$$N_{\mathrm{bs}} = \frac{1}{l_1}\left\{ k_{\mathrm{s}}ae^{-bz_0}\left[e^{bh} - f(bh)\right] - \frac{1}{2}N_{\mathrm{cs}}b_1 \right\} \tag{4.20}$$

$$N_{\mathrm{am}} = E_{\mathrm{fm}}l_1 ae^{-bz_0}f(bh) - N_{\mathrm{bm}} \tag{4.21}$$

$$N_{\mathrm{as}} = E_{\mathrm{fs}}l_1 ae^{-bz_0}f(bh) - N_{\mathrm{bs}} \tag{4.22}$$

以上各式中：$\tau_{\mathrm{m}}(l_1)$、$\tau_{\mathrm{s}}(l_1)$ 为作用在坡板上的最大切向冻结力，即坡脚处的切向冻结力，MPa。

把式（4.17）～式（4.22）按照顺序依次代入后，以上各未知量均改写成最大切向冻结力 $\tau_{\mathrm{m}}(l_1)$ 和 $\tau_{\mathrm{s}}(l_1)$ 的函数，再联立式（4.15）和式（4.16）即可把 $\tau_{\mathrm{m}}(l_1)$ 和 $\tau_{\mathrm{s}}(l_1)$ 解出。解出 $\tau_{\mathrm{m}}(l_1)$ 和 $\tau_{\mathrm{s}}(l_1)$ 后再逐次回代即可解出所有未知量（包括渠道各衬砌板所承受的所有外力荷载及各衬砌板间相互作用力），进而可对渠道衬砌板各截面内力进行计算，模型求解完毕。

2. 梯形渠道衬砌板内力计算

以阴坡坡板为例，通过力学模型的求解可以导出坡板各截面内力的计算公式分别如下：

（1）渠坡衬砌板各截面的轴力计算公式为

$$N_{\mathrm{m}}(x) = -\frac{x^2}{2l_1}\tau_{\mathrm{m}}(l_1) \tag{4.23}$$

（2）渠坡衬砌板各截面的弯矩计算公式为

$$M_m(x) = k_m x a e^{-bz_0} \left[f(bh) - f(xb\sin\theta) \right] - N_{cm} b_1 \frac{x}{2l_1} - \frac{b_1 x^2}{4l_1} \tau_m(l_1) \qquad (4.24)$$

考虑到 $h = l_1\sin\theta$ 并结合式（4.17），坡板两端弯矩为 $M_m(0) = M_m(l_1) = 0$，这与已有研究结果一致。

同时可导出底板各截面内力计算公式。由于底板各截面轴向内力为压力，而混凝土抗压能力较强，因此不予验算。现仅对底板各点截面弯矩进行计算，计算公式为

$$M_e(x) = 0.5 q_e x^2 + (N_{bm}\cos\theta + N_{cm}\sin\theta) x \qquad (4.25)$$

对上式求导并取导数为 0 的截面坐标为底板最大弯矩所在截面坐标，由下式计算为

$$x_{emax} = -(N_{bm}\cos\theta + N_{cm}\sin\theta)/q_e \qquad (4.26)$$

式中：x_{emax} 为现浇梯形渠道渠底衬砌板的最大弯矩所在截面的坐标，cm。

对南北走向的特殊衬砌渠道，可采用不考虑阴坡和阳坡差异的对称模型，此时由式（4.15）可知在该特殊情形下有下式成立：

$$N_{bm}\cos\theta + N_{cm}\sin\theta = -0.5 q_e l_2 \qquad (4.27)$$

把式（4.27）代入式（4.26）即可以得到此时梯形渠道渠底衬砌板的最大弯矩所在截面的坐标为 $x_{emax} = 0.5 l_2$，这也与已有相关研究及寒区工程实践中在该特殊情形下的结果相符合。

在对南疆塔里木灌区渠道冻害状况的调查表明，局部弯矩过大导致衬砌板轴向拉裂、隆起、鼓胀甚至折断，是渠道冻胀破坏的主要类型（图 4.11）。可见就高地下水位地区开放系统下的衬砌渠道而言，衬砌板截面弯矩计算至关重要。对衬砌板此类冻胀破坏形式的验算，应首先分析截面弯矩沿断面分布规律，进而确定危险截面位置，并计算最大截面弯矩。

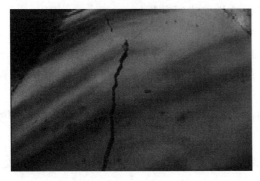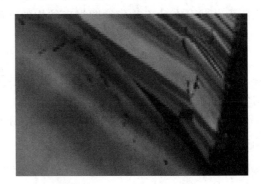

图 4.11 局部弯矩过大导致的衬砌冻胀破坏

仍以阴坡衬砌板为例，结合图 4.2，由材料力学方法计算渠道坡板各截面弯矩并化简可得截面弯矩沿坡板的分布规律为

$$M_m(x) = k_m x a e^{-bz_0} \left[f(bh) - f(xb\sin\theta) \right] \qquad (4.28)$$

式中：$k_m = (lE_f)/(bh)$；$M(x)$ 为渠道坡板截面弯矩，$kN \cdot m$；h 为渠道断面深度，cm；$f(bh)$、$f(xb\sin\theta)$ 由函数 $f(t) = (e^t - 1)/t$ 确定，下同。同时考虑到 $h = l\sin\theta$，则有 $M(0) = M(l) = 0$，这与假设坡板为简支梁及已有文献结果一致。又渠道衬砌常为薄

板结构，故式（4.28）未考虑切向冻结力产生的弯矩，以使进一步计算和分析更加简便。事实上，式（4.28）正是式（4.24）在不考虑切向冻结力所产生的弯矩时的简化情形。由式（4.28）可知 $M_m(x)$ 为连续函数，表明梯形渠道衬砌板各点的截面弯矩沿渠坡坡板的分布必然存在最大值。由数学分析方法，可得现浇梯形渠道坡板最大弯矩作用截面所在位置（即最易破坏截面所在位置）的计算公式为

$$x_{mmax} = \frac{1}{b\sin\theta}\ln f(bh) \tag{4.29}$$

式中：x_{mmax} 渠道阴坡衬砌板的最大弯矩所在截面的坐标，cm。

把式（4.29）代入式（4.28）中，可得渠坡衬砌板最大截面弯矩的计算公式为

$$M_m(x_{mmax}) = k_1 a e^{-bz_0}\ln f(bh)\left[f(bh) - \frac{e^{\ln f(bh)} - 1}{\ln f(bh)}\right] \tag{4.30}$$

式中：$k_1 = (lE_f)/(bh)^2$。

渠坡衬砌板各截面的剪力沿渠坡坡板的分布规律为

$$P_m(x) = k_m e^{-bz_0}\left[f(bh) - e^{xb\sin\theta}\right] \tag{4.31}$$

式中：$P_m(x)$ 为梯形渠道渠坡衬砌板各截面的剪力，MPa。

4.2.2　开放系统条件下现浇混凝土衬砌梯形渠道冻胀不均匀性分析

渠道衬砌结构所承受冻胀力荷载的分布特征反映不同断面形式衬砌结构冻胀适应性能（即适应冻胀能力）的好坏，通常分布在衬砌板上的冻胀力越均匀，沿衬砌板分布的变化趋势越平缓，则表明该断面形式的衬砌结构冻胀适应性能越好。

以下从整体和局部两个方面对开放系统条件下现浇混凝土衬砌梯形渠道衬砌结构所受冻胀力荷载分布的不均匀性即衬砌结构的冻胀适应性能进行分析。

1. 整体冻胀受力不均匀性

均方差 S 常用来衡量衬砌结构所受冻胀力分布的不均匀性。均方差越小表明衬砌板各点所受冻胀力大小相对平均值的偏离程度越小，即衬砌结构所受冻胀力荷载分布越均匀。

结合式（4.2），坡板所受冻胀力荷载分布的平均值即坡板所受冻胀力分布的数学期望 $E[q(x)]$ 可由下式计算：

$$E[q(x)] = E_f a e^{-bz_0} f(bh) \tag{4.32}$$

由式（4.32）可见，梯形渠道断面深度 h 越大，地下水埋深 z_0（即渠顶地下水位）越小，则渠坡衬砌板所承受的平均冻胀力就越大，即整体冻胀强度越大。再由式（4.32）可计算梯形渠道坡板所受法向冻胀力荷载分布的均方差 $S[q(x)]$ 为

$$S[q(x)] = \sqrt{E\{q(x) - E[q(x)]\}^2}$$

$$= E_f a e^{-bz_0}\sqrt{f(2bh) - [f(bh)]^2} \tag{4.33}$$

为便于分析，把式（4.33）根据泰勒级数展开后并略去高阶项，可得如下简化式为

$$S[q(x)] = 0.65 E_f abh e^{-bz_0} \tag{4.34}$$

由式（4.34）可见，对于地下水埋深 z_0 固定的特定地区而言，混凝土衬砌梯形渠道断面深度 h 越浅，则表明渠道坡板所承受的法向冻胀力分布的均方差越小，即梯形渠道渠坡衬砌板所承受的冻胀力在整体上分布越均匀。

2. 局部冻胀受力不均匀性

梯形渠道坡板上两点间的冻胀力（或冻胀量）的差值与间距之比 U 可用于衡量衬砌所受冻胀力荷载分布在局部的不均匀性，常称为不均匀冻胀系数（安鹏等，2013）为

$$U(x, x+\Delta x) = \frac{q(x+\Delta x) - q(x)}{\Delta x} \tag{4.35}$$

在式（4.35）中令 $\Delta x \to 0$ 可得反映梯形衬砌渠道坡板某一特定点附近冻胀力（或冻胀量）分布不均匀性的计算公式为

$$U(x) = \frac{\mathrm{d}q(x)}{\mathrm{d}x} = E_{\mathrm{f}} ab\sin\theta\, \mathrm{e}^{-b(z_0 - x\sin\theta)} \tag{4.36}$$

由式（4.36）可见，对地下水埋深 z_0 为固定值的特定地区而言，梯形渠道坡角 θ 越小即渠道断面开口越宽，则法向冻胀力随 x 变化的变化率 $\mathrm{d}q/\mathrm{d}x$ 越小，即分布在渠坡衬砌板上的法向冻胀力荷载随 x 的变化趋势越平缓。对于渠坡衬砌板倾角 θ 也为固定值的特定渠道而言，在 x 越大即越靠近坡脚的部分，法向冻胀力沿渠坡坡板的变化率 $\mathrm{d}q/\mathrm{d}x$ 越大，即该处附近法向冻胀力荷载的分布越不均匀；在 x 越小即越靠近坡板中上部，法向冻胀力荷载沿渠坡坡板的变化率 $\mathrm{d}q/\mathrm{d}x$ 越小，即该处附近法向冻胀力荷载的分布越趋于均匀分布。

综上表明，现浇梯形渠道的断面深度 h 越浅，开口越宽（即渠坡坡板的倾角 θ 越小），则衬砌结构所受冻胀力荷载分布越均匀，沿渠坡的变化趋势越平缓，即表明该断面形式的渠道衬砌结构适应冻胀能力越强，在冬季越不容易遭受冻胀破坏，这正是寒区工程实践中宽浅式混凝土衬砌梯形渠道抗冻胀破坏性能良好的重要原因之一。

如考虑渠道断面深度 $h \to 0\mathrm{cm}$ 且坡板倾角 $\theta \to 0°$ 的极端情形，梯形渠道坡板退化为两端无约束的有限长平直梁，此时坡板所受法向冻胀力分布均方差 $S[q(x)]$ 为 0，即冻胀力均匀分布且衬砌内无内力产生。在这种情形下，渠道衬砌显然不会发生冻胀破坏，与实际情况相符。此外，不仅在新疆塔里木灌区，近年来对陕西石堡川、宝鸡峡和泾惠渠等灌区渠道冻胀破坏状况的实地调查也都表明，宽浅式梯形渠道较窄深式梯形渠道有更加良好的冻胀适应性能。

需要指出的是，由于实际工程设计中衬砌渠道断面形式往往还需要满足一定的工程设计要求（如渠道边坡稳定、断面设计流量和工程造价等），从而渠道断面深度 h 和坡板倾角 θ 的取值是受到一定约束的，其满足约束条件的最优取值是一个多目标非线性的约束优化问题，这为综合考虑经济性和抗冻性的寒区梯形渠道断面的优化设计提供了新的思路和参考。

4.2.3　工程实例计算与结果分析

1. 原型渠道概况

以新疆塔里木灌区某现浇梯形渠道为原型渠道（图 4.12，因断面对称性仅绘制一侧）。该渠道为 C20 混凝土衬砌，衬砌板各点对应处冻深由温度剖面法测定，即通过地温

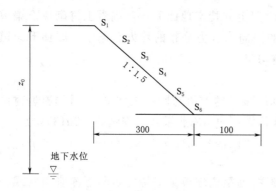

图 4.12　原型渠道的断面尺寸与观测点布置
（图中各数值单位均为 cm，渠坡衬砌板上各观测点 $S_1 \sim S_6$ 为等距排列，z_0 为渠顶地下水位）

剖面的测量获得土温为 0℃ 的位置，并把该位置取为冻深位置。浅层土体地温由地温计测量，深层土体地温则通过分层布设热电偶（测量设备温度测量范围为 $-50 \sim 200℃$，当解析度为 0.1℃ 时，精确度为 $\pm0.2\% +1$）的方式测量。此外，测得冻土层冬季最低温度（阴坡）约为 $-12℃$。渠道衬砌板板厚为 8cm，地下水埋深（即渠顶地下水位）z_0 为 3m，渠基土体土壤质地为壤土。

在新疆塔里木灌区，越冬期内日最低气温常出现在上午 9 时左右（即日出之前），故渠基冻土层各测点地温值也于每日上午 9 时左右测定。需要指出的是，由于灌区毗邻塔克拉玛干沙漠，气温日较差较大，气温日变化幅度远大于地温，同时地温极值出现时间也滞后于气温极值出现时间。由于本节采用稳定冻结期地温数据且深层土体地温受气温日变化影响较小，故不考虑由此所造成的误差。分别假定地下水埋深 z_0 为 2m、2.5m、3.0m、3.5m 和 4m 时，对原型渠道冻土冻胀特征和渠道衬砌受力特性进行计算和分析（仍以渠道阴坡衬砌板为例）。

2. 法向冻胀力沿渠坡坡板的分布规律

为确定式（4.2）中各参数，在条件具备时应采用最小二乘法拟合试验数据获取。此处主要由文献确定：E_f 按冻土层达冬季最低温度时取值为 3.82MPa（陈肖柏，2006），是偏安全的；土质为壤土时（李安国等，1993；陈肖柏，2006），与当地气象、土质条件有关的经验系数 a 可取为 44.33，b 可取为 0.011。综上，由式（4.2）对地下水埋深 z_0 不同时坡板各点所承受的法向冻胀力荷载沿坡板分布规律进行计算（图 4.13）。

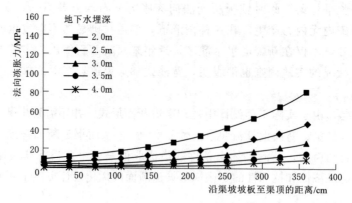

图 4.13　不同地下水埋深时渠坡衬砌板法向冻胀力分布

由图 4.13 可知，地下水埋深 z_0 越小，坡板整体受力越大，法向冻胀力分布的横向差异越显著；地下水埋深 z_0 越大，法向冻胀力分布沿坡板变化越趋于平缓，越趋于均匀分布。对于地下水埋深 z_0 固定的特定渠道而言，法向冻胀力大小沿坡板呈指数规律增大，且距离地下水埋深越近时逐渐趋于线性变化，这种冻胀力趋于线性分布的现象，在土体中细、粉粒含量增多，土体分散性越强时表现得越明显（陈肖柏，2006；李甲林等，2013）。事实上，把式（4.2）按泰勒级数展开并取一级近似，即可得渠坡衬砌板所受法向冻胀力荷载沿坡板分布的线性规律，这也与相关文献（王正中，2004，2008）由工程经验预先假定的冻胀力分布一致。

3. 截面弯矩沿渠坡坡板的分布规律与最大弯矩

由式（4.28）可对截面弯矩沿坡板分布规律进行计算（图4.14）。由图可知，地下水埋深 z_0（即渠顶地下水位）不同对衬砌截面弯矩沿坡板变化的总体趋势影响较小，但对截面弯矩的量值尤其是最大截面弯矩量值影响显著。随着地下水埋深越浅，衬砌最大截面弯矩的量值迅速增大。实际上，由式（4.30）可知，对特定断面的渠道，坡板最大截面弯矩随地下水埋深 z_0 越小呈指数规律增大，即寒区高地下水位渠道极易遭受冻胀破坏，这与工程实际相符。从图4.14中还可发现，地下水埋深 z_0 不同时，坡板各截面弯矩分布规律均为在坡顶和坡脚处为0，在坡板中下部存在唯一的极大值，即一般在渠坡坡板的中下部附近发生衬砌板的鼓胀、隆起、裂缝乃至折断，这与如图4.11所示的灌区梯形渠道坡板的典型破坏形式也基本相符。

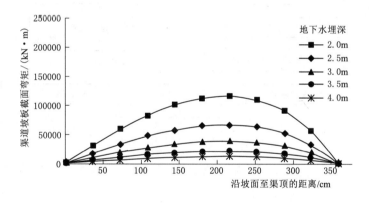

图4.14 不同地下水埋深时渠坡衬砌板截面弯矩分布

4. 原型渠道验证与误差分析

如图4.12所示，在取当地实际地下水埋深时（即 $z_0 = 3.0\mathrm{m}$ 时），渠坡各观测点冻深计算值与观测值基本相符。对渠基土体进行分层级配分析时，发现土层中夹杂部分砂土和沙壤土层，而此处均是按壤土层进行参数选取和分析计算，导致了一定的误差（即计算值相对于观测值普遍偏小），但误差不显著。结合式（4.29），可对坡板最危险截面进行估算，如下式所示：

$$\frac{x_{\mathrm{mmax}}}{l} = \frac{1}{bh}\ln f(bh) \tag{4.37}$$

将相关参数取值和原型渠道断面尺寸代入式（4.37），可得 x_{mmax}/l 约为63.9%，即坡板最大弯矩截面位于沿坡面距坡顶63.9%坡板长处。实地调查结果表明，新疆塔里木灌区渠道坡板的冻胀破坏多发生在坡板中下部距离坡顶60%～80%坡板长处，仅少量渠道衬砌板的破坏是发生渠坡坡板的上部，可见计算结果与灌区实际情况基本相符。

4.2.4　开放系统现浇梯形渠道衬砌结构冻害机理

有研究表明，土体冻结缓慢且水分来源充足时将引发剧烈冻胀。我国广大季节性冻土区冬季漫长且气温下降缓慢，基土冻结速率也较慢，水分有充足时间迁移与补给；同时高地下水位渠道地下水埋深浅，又为冻结过程提供充足的水分补给来源。充足的水分迁移时间和补给来源是高地下水位渠道冻胀破坏的主要原因之一。由于渠道特殊的槽形断面特性，衬砌各点至地下水埋深（即渠顶地下水位）距离不同将导致地下水补给强度沿断面不均匀分布，进而引起基土冻胀强度和冻深沿断面差异分布，最终将导致冻胀力和冻胀变形沿断面差异分布。冻胀力和冻胀变形沿断面差异分布是高地下水位渠道衬砌冻胀破坏的主要原因之二。

图 4.15 简要概括了高地下水位梯形渠道的冻害机理。

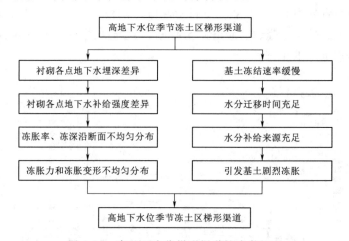

图 4.15　高地下水位梯形渠道的冻害机理

4.2.5　小结

（1）本节构建了一种考虑地下水埋深影响的开放系统条件下现浇梯形渠道冻胀工程力学模型，导出渠道坡板最大截面弯矩及最易破坏截面位置的表达式。从整体与局部两个层次定量分析梯形渠道衬砌冻胀力分布不均匀性，为渠道抗冻性能评价和断面优化提供了新的定量指标。

（2）以新疆塔里木灌区某梯形渠道为原型，对不同地下水埋深渠道冻胀特征和受力特点进行了分析，并与观测资料进行了对比。其中渠道基土冻深计算值与观测之间最大相对误差为 3.5%，估算最大弯矩截面位置为距坡顶 63.9% 坡板长处，与灌区实地调查结果基本相符。

4.3　考虑双向冻胀与温度应力的大型渠道冻胀工程力学模型

近年来，大型混凝土衬砌梯形渠道（图 4.16）在我国北方各大灌区续建配套、节水改造工程和长距离跨流域调水工程中得到广泛推广和应用。这类渠道由于其断面较大、渠坡较长而常表现出独特的冻胀特征，目前已有的力学模型和分析计算方法未对此加以充分考虑，因而有必要在此进行深入讨论与分析。

图 4.16　大型混凝土衬砌梯形渠道

试验研究表明（Taber，1929；Areson 等，2007），冻土冻胀变形呈正交各向异性，表现为双向冻胀即除平行温度梯度方向存在冻胀外，垂直温度梯度方向也存在冻胀。Michalowski 等（1993，2006）基于孔隙率模型用体积应变张量表征冻土冻胀的纵横向差异，体现冻土冻胀变形的正交各向异性；王正中等（1999）对扩大墙基的冻胀工程力学分析综合考虑了冻土法向和切向冻胀对结构的影响；黄继辉等（2015）也指出对寒区隧道衬砌的冻胀应力分析应该综合考虑围岩径向和环向的冻胀强度；Amanuma 等（2017）通过三轴土体冻胀试验对垂直温度梯度方向的侧压进行系统研究，指出对冻土纵横两个方向上的冻胀进行综合分析对寒区工程冻胀破坏的分析具有重要意义。此外，有研究表明（王希尧，1979；叶琳昌，1987；张国新，2001；Zhu，2014），对大中型混凝土结构而言，温度变化引起的材料胀缩由于受底部基础约束产生的温度应力也是不可忽略的。由此可见，目前对寒区隧道、扩大墙基等寒区工程的相关研究已有不少，但对渠道鲜有涉及。事实上，大中型渠道冻胀工程力学分析也必须综合考虑冻土双向冻胀和衬砌板冻缩变形的影响。

本节内容首先对开放系统条件下的大型渠道冻胀破坏特征进行了分析，把衬砌板在负温条件下的冻胀破坏视为由冻土冻胀与衬砌板冻缩共同作用所导致，结合渠基冻土的Winkler 局部性假设，考虑冻土冻胀变形的正交各向异性即冻土的双向冻胀差异，提出开放系统条件下梯形渠道衬砌板法向冻胀力和切向冻胀力分布计算方法。建立包含阴、阳坡和渠底各衬砌板承受的所有外力约束和板间相互作用力为未知量的联合方程组，实现对各衬砌板所承受的外力荷载的一体化求解。基于此，综合考虑渠基冻土双向冻胀和衬砌板冻缩变形的影响提出开放系统条件下大型混凝土衬砌梯形渠道的冻胀破坏力学模型。

4.3.1　大型混凝土衬砌梯形渠道工程特性及冻胀特征

本节研究对象为开放系统条件下的大型现浇混凝土衬砌梯形渠道。与一般的衬砌渠道相比，开放系统条件下的大型混凝土衬砌渠道具有以下冻胀特征：

（1）我国西北旱寒地区雨量稀少且无冬季行水，渠道基土初始含水率较低，在特定地区特定气象、土质条件下，地下水迁移和补给成为影响渠道衬砌结构各点冻土冻胀强度的主导因素（暂不考虑侧向水分补给的情形）。

（2）寒区工程结构受切向冻胀力作用的实质是冻土冻胀受结构侧向约束产生反作用力。对一般渠道而言，冻土在该方向上冻胀强度较弱，故在已有研究中较少涉及。但大型渠道由于断面较大、渠坡较长，切向冻胀沿平行衬砌板方向的累积效应不可忽略。需要指出的是，作用在冻土与衬砌接触界面层上的冻土切向冻胀受上覆土体和衬砌板双重约束，其中被衬砌板约束的冻胀才实际产生对衬砌板的切向冻胀力，因此在计算衬砌板所承受的切向冻胀力时应按其受上覆土体的约束程度进行折减。

（3）开放系统条件下衬砌渠道基土在冻结过程中存在明显的沿温度梯度方向的水分迁移和相变。加之季节冻土区冬季漫长，负温持续时间久，基土冻结速率缓慢，更有利于冰透镜体及层状冰的形成，此时冻土大都呈层状构造，其力学特性和冻胀变形表现为正交各向异性。

（4）对大中型渠道而言，除外荷载作用下引起的截面应力外，由衬砌板冻缩引起的温度应力（称为冻缩应力）也是不能忽略的。由于衬砌结构为薄板结构，负温下衬砌板可认为均匀收缩。冻缩应力主要指负温条件下衬砌板冻缩变形受到渠基冻土切向约束产生的温度应力。

（5）大型衬砌渠道在偏离南北走向时阴、阳坡差异明显，故对渠道衬砌冻胀工程力学分析须对阴、阳坡加以区分。已有大量研究中通常根据工程实践经验在阴、阳坡荷载间引入额外的等量关系或按权重分配荷载，存在一定的随意性和盲目性。鉴于此，此处提出一种梯形衬砌渠道阴坡、阳坡和渠底衬砌板各自承受的所有外力的一体化求解方法。

4.3.2　法向冻胀力与切向冻胀力计算

图 4.17 为大型现浇混凝土衬砌梯形渠道断面。

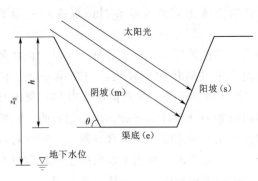

图 4.17　大型现浇混凝土衬砌梯形渠道断面

图 4.18 为渠道坡板受力计算，A 点为坡顶，B 点为坡脚，$q(x)$ 为分布在坡板底部的法向冻胀力；$\mu(x)$ 为分布在坡板底部的切向冻胀力，自坡脚沿渠坡指向渠顶；$\tau(x)$ 为分布在坡板底部的切向冻结力，自渠顶沿渠坡指向坡脚。图 4.19 为渠道底板受力计算，q_e 为分布在底板底部的法向冻胀力，方向为垂直衬砌板向外。因阴、阳坡坡板受力情况相似，两者计算简图均由图 4.18 表示。变量下标为 m 时为阴坡，为 s 时为阳坡，为 e 时为渠底。

前已述及，对于开放系统条件下的衬砌渠道而言，特定地区的特定气象、土质条件下，可得到衬砌各点对应处的基土冻胀强度公式为

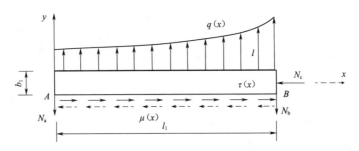

图 4.18 渠道坡板受力计算

(l_1 为渠道坡板长，b_1 为坡板厚，N_a 为法向冻结合力，

N_b 和 N_c 为坡板和底板相互作用力)

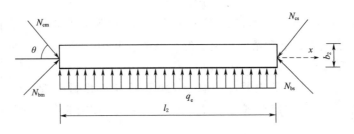

图 4.19 渠道底板受力计算

(l_2 为底板长，b_2 为底板厚；q_e 为底板法向冻胀力分布；N_{bs} 和 N_{cs} 为底板

与阴坡坡板相互作用力，N_{bn} 和 N_{cn} 为底板与阳坡坡板相互作用力)

$$\eta_n(x) = a\,e^{-bz(x)} \tag{4.38}$$

式中：x 为衬砌板上各点的坐标（坐标系见图 4.18、图 4.19），m；$\eta_n(x)$ 为衬砌各点对应处冻土的法向冻胀强度，%；$z(x)$ 为衬砌各点至地下水位的距离，m；a、b 为与当地气象、土质等影响因素有关的经验系数。

由式（4.38），衬砌各点对应基土冻胀强度与至地下水位的距离呈负指数分布，该分布前段变化快而后段则趋于均匀变化且数值较小。可见受地下水影响较大的渠坡中下部恰好对应前段变化快的部分；而受地下水影响很小的渠坡上部则对应后段数值较小但趋于均匀变化的部分。可见无论地下水影响较大区域还是地下水影响很小的区域，式（4.38）都能很好地进行描述。

由木下诚一提出的冻胀力与冻胀率的线性关系，衬砌各点法向冻胀力由下式计算：

$$q(x) = 0.01 E_f a\,e^{-bz(x)} \tag{4.39}$$

式中：$q(x)$ 为衬砌各点法向冻胀力，kPa；E_f 为冻土弹性模量，MPa。

如图 4.17 所示，对坡板而言有如下几何关系：

$$z(x) = z_0 - x\sin\theta \tag{4.40}$$

式中：z_0 为渠顶地下水位，m。对底板而言，各点至地下水埋深的距离 $z(x)$ 为常数。

土在冻结时平行和垂直温度梯度方向的冻胀强度存在差异，且两者存在一定函数关系，在气象、土质等因素确定时常为比例关系。Michalowski（1993，2006）应用孔隙率模型用增长张量按比例分配权重对冻土纵横向冻胀率差异进行描述；黄继辉等（2015）通过引入围岩纵横向冻胀不均匀系数表示两者的比例关系；S. Kanie 等（2012）对 Fujino-mori 黏土的相关测试也发现同组土样纵横向冻胀率有相同比值。参考上述研究，假定冻土与衬砌板接触界面层上平行和垂直衬砌板方向上的冻土冻胀强度存在如下比例关系：

$$\eta_{t}(x) = \nu \eta_{n}(x) \tag{4.41}$$

式中：$\eta_{t}(x)$ 为冻土平行衬砌板方向（即垂直温度梯度方向）的切向冻胀强度，%；ν 为比例系数，可对特定地区特定土质通过相关试验获取。如王正中（1999）、沙际德等（1996）对兰州黄土的试验结果表明，该地区土质条件下比例系数 ν 可取为 0.422。

加拿大学者 E. Penner 依据 Linell-Kaplar 公式（Linell 等，1959）导出一种计算外压力荷载作用下冻土冻胀强度的计算方法（Penner，1970；Chen 等，1988；陈肖柏，2006），该公式可以反映上覆土体重力荷载作用导致冻土冻胀强度的折减。公式为

$$\eta = \eta_{0} e^{-cp} \tag{4.42}$$

式中：η 为外压力荷载 p 作用下的冻土冻胀强度，%；η_{0} 为无外荷载时冻土的自由冻胀强度，%；c 为与当地气象、土质条件有关的经验系数。其中 e^{-cp} 可视为外压力荷载作用下冻土冻胀强度的折减系数。

为简化分析，认为折减后渠基冻土剩余冻胀强度全部由衬砌板约束并产生切向冻胀力，这是偏安全的。由此再结合式（4.41）、式（4.42），则衬砌各点受到的切向冻胀力可以由下式计算：

$$\mu(x) = \nu E_{f} a e^{-(b+c\gamma) z(x)} \tag{4.43}$$

式中：γ 为土体容重，kN/m^3。

4.3.3 考虑双向冻胀的力学模型建立与求解

在冻胀力外荷载作用下，包括阴、阳坡板所受到的法向冻结力 N_{am}、N_{as} 和切向冻结力 $\tau_{m}(x)$、$\tau_{s}(x)$，以及阴坡与渠道底板之间的相互作用力 N_{bm}、N_{cm}，阳坡与渠道底板之间的相互作用力 N_{bs}、N_{cs}，模型共有 8 个未知量需要求解。N_{cm}、N_{cs} 主要由底板对坡板的顶托力产生，常表现为轴向压力。为便于分析，取预设方向为负值，但其余荷载仍然取预设方向为正值。分别由阴、阳坡板和底板的静力平衡条件可得模型方程组为

$$\int_{0}^{l_1} q_{m}(x)dx - N_{am} - N_{bm} = 0 \tag{4.44}$$

$$N_{cm} + \int_{0}^{l_1} \left[\tau_{m}(x) - \mu_{m}(x)\right]dx = 0 \tag{4.45}$$

$$\int_{0}^{l_1} q_{m}(x)xdx + \int_{0}^{l_1} \left[\tau_{m}(x) - \mu_{m}(x)\right]\frac{b_1}{2}dx - N_{bm}l_1 = 0 \tag{4.46}$$

$$\int_{0}^{l_1} q_{s}(x)dx - N_{as} - N_{bs} = 0 \tag{4.47}$$

$$N_{cs} + \int_{0}^{l_1} \left[\tau_{s}(x) - \mu_{s}(x)\right]dx = 0 \tag{4.48}$$

$$\int_{0}^{l_1} q_{s}(x)xdx + \int_{0}^{l_1} \left[\tau_{s}(x) - \mu_{s}(x)\right]\frac{b_1}{2}dx - N_{bs}l_1 = 0 \tag{4.49}$$

$$q_{e}l_2 + (N_{bs} + N_{bm})\cos\theta + (N_{cs} + N_{cm})\sin\theta = 0 \tag{4.50}$$

$$(N_{bm} - N_{bs})\sin\theta - (N_{cm} - N_{cs})\cos\theta = 0 \tag{4.51}$$

以上各式中：l_1 和 b_1 分别为渠道坡板的长度和厚度，m；l_2 为渠道底板的长度，m；q_e 为渠道底板受到的法向冻胀力，kPa；θ 为渠道坡板倾角，(°)。联立以上 8 个方程可以对前述的 8 个未知量进行求解。

为便于叙述，引入如下记法：$k_m = (l_1 E_{fm})/(bh)$，$k_s = (l_1 E_{fs})/(bh)$，$b_0 = b + c\gamma$，$f(t) = (e^t - 1)/t$。

由式（4.44）～式（4.49）可得

$$N_{cm} = \nu E_{fm} l_1 a e^{-b_0 z_0} f(b_0 h) - 0.5\tau_m(l_1) l_1 \tag{4.52}$$

$$N_{cs} = \nu E_{fs} l_1 a e^{-b_0 z_0} f(b_0 h) - 0.5\tau_s(l_1) \cdot l_1 \tag{4.53}$$

$$N_{bm} = \frac{1}{l_1}\left\{ k_m a e^{-bz_0}\left[e^{bh} - f(bh) \right] - \frac{1}{2}N_{cm} b_1 \right\} \tag{4.54}$$

$$N_{bs} = \frac{1}{l_1}\left\{ k_s a e^{-bz_0}\left[e^{bh} - f(bh) \right] - \frac{1}{2}N_{cs} b_1 \right\} \tag{4.55}$$

$$N_{am} = E_{fm} l_1 a e^{-bz_0} f(bh) - N_{bm} \tag{4.56}$$

$$N_{as} = E_{fs} l_1 a e^{-bz_0} f(bh) - N_{bs} \tag{4.57}$$

式中：$\tau_m(l_1)$、$\tau_s(l_1)$ 为坡板最大切向冻结力，即坡脚处切向冻结力，kPa。

把式（4.52）～式（4.57）逐次代入使上述未知量均改写成 $\tau_m(l_1)$ 和 $\tau_s(l_1)$ 的函数，联立式（4.50）～式（4.51）即可解出 $\tau_m(l_1)$、$\tau_s(l_1)$，最后逐次回代到式（4.52）～式（4.57）中可最终求出所有未知量，进而可以对衬砌板内力进行计算，模型求解完毕。

以阴坡为例，导出渠道坡板内力计算公式如下：

（1）渠道坡板各截面的轴力计算公式为

$$N_m(x) = \int_0^x \left[\mu_m(x) - \tau_m(x) \right] dx$$

$$\Rightarrow \nu E_{fm} x a e^{-b_0 z_0} f(x b_0 \sin\theta) - \frac{x^2}{2l_1}\tau_m(l_1) \tag{4.58}$$

（2）渠道坡板各截面的弯矩计算公式为

$$M_m(x) = \frac{b_1}{2}\left[\nu E_{fm} x a e^{-b_0 z_0} f(x b_0 \sin\theta) - \frac{x^2}{2l_1}\tau_m(l_1) \right]$$

$$+ k_m x a e^{-bz_0}\left[f(bh) - f(x b \sin\theta) \right] - N_{cm} b_1 \frac{x}{2l_1} \tag{4.59}$$

考虑到 $h = l_1 \sin\theta$ 并结合式（4.52）可知坡板两端弯矩 $M_m(0) = M_m(l_1) = 0$，与已有研究结果一致。

渠道底板内力计算公式如下：

由于渠道底板各截面的轴向内力为压力，而混凝土材料的抗压能力较强，故可不予验算。现仅对渠道底板各截面的弯矩进行计算，计算公式为

$$M_e(x) = 0.5 q_e x^2 + (N_{bm}\cos\theta + N_{cm}\sin\theta)x \tag{4.60}$$

渠道底板最大弯矩所在截面为

$$x_{\text{emax}} = -(N_{\text{bm}}\cos\theta + N_{\text{cm}}\sin\theta)/q_{\text{e}} \tag{4.61}$$

式中：x_{emax} 为渠底最大弯矩截面的坐标，m。以上为考虑阴、阳坡差异的一般模型，理论上在偏离南北走向时均应考虑阴、阳坡差异，而对南北走向的特殊情形则可不区分阴、阳坡。采用不区分阴、阳坡的对称模型时，由式（4.50）可得下式为

$$N_{\text{bm}}\cos\theta + N_{\text{cm}}\sin\theta = -0.5q_{\text{e}}l_2 \tag{4.62}$$

代入式（4.61）可得渠底最大弯矩截面为 $x_{\text{emax}} = 0.5l_2$，符合已有研究结果及工程实际。

由此可见，大型梯形渠道因其断面较大、渠坡较长且阴阳坡差异分明，渠道坡板和底板的相互作用对底板受力情况有明显影响。以上各式在 $\nu = 0$ 时退化为不考虑切向冻胀的情形。

4.3.4 衬砌板冻缩的温度应力计算及抗裂验算

冬季渠道衬砌的冻缩由于受到冻土切向约束并阻止其变形，将会在板内产生温度应力。以阴坡为例，把负温条件下发生冻缩的衬砌板视为受一维切向约束的均匀收缩矩形梁，求解其温度应力分布。此处仅考虑温降导致衬砌板冻缩引起的温度应力，即计算冻缩应力时不考虑其他荷载的影响。由于对称性，坡板中间截面位移为0，两侧向中间截面收缩，冻土作用在衬砌板底面的切向约束反力应沿底面指向两端。由于渠道衬砌为薄板结构，可认为负温条件下衬砌板均匀收缩，从而各截面冻缩应力可近似取均匀分布。图 4.20 为阴坡坡板冻缩应力的计算简图，取坡板中点为原点建立局部坐标系。

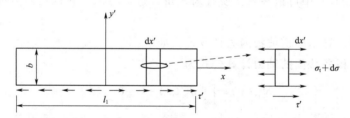

图 4.20 阴坡坡板冻缩应力的计算简图

（l_1 为坡板长，b_1 为板厚；τ' 为衬砌底面切向约束力；σ_t 为温度应力）

考虑图 4.20 右侧所示长度为 $\mathrm{d}x'$ 的微元体，由水平方向静力平衡有平衡微分方程为

$$\frac{\mathrm{d}\sigma_t(x')}{\mathrm{d}x'} + \frac{\tau'(x')}{b_1} = 0 \tag{4.63}$$

式中：$\sigma_t(x')$ 为衬砌板各截面冻缩应力，kPa；$\tau'(x')$ 为冻土作用在衬砌板底面的切向约束反力，kPa。混凝土弹性模量为 E_c，热膨胀系数为 α_c，设各截面实际水平位移为 $u(x')$，被冻土约束的位移为 $u_\sigma(x')$，则有：$u(x') = u_\sigma(x') + \alpha_c\Delta T x'$，式中 ΔT 表示温差，℃。该式可视为衬砌板在各截面同时受衬砌冻缩和冻土约束作用时应满足的变形协调条件。然后对该式两边同时求导两次，并考虑到应力、应变和位移的关系：$\sigma_t(x') = E_c[\mathrm{d}u_\sigma(x')/\mathrm{d}x']$，则又有下式成立：

$$\frac{\mathrm{d}\sigma_t(x')}{\mathrm{d}x'} = E_c\frac{\mathrm{d}^2u_\sigma(x')}{\mathrm{d}x'^2} = E_c\frac{\mathrm{d}^2u(x')}{\mathrm{d}x'^2} \tag{4.64}$$

假定冻土与衬砌接触界面切向也服从 Winkler 假设，从而各点受到的切向约束力 $\tau'(x')$ 与相应点实际水平位移 $u(x')$ 成正比，即 $\tau'(x') = k_x u(x')$，k_x 为各点发生单位水平位移时切向约束力的大小，即地基水平刚度。

结合式（4.63）、式（4.64）可得下式为

$$\frac{\mathrm{d}^2 u(x')}{\mathrm{d}x'^2} - \beta^2 u(x') = 0 \tag{4.65}$$

$$\beta = \sqrt{k_x / (b_1 E_c)} \tag{4.66}$$

求解式（4.65）可得其通解的形式为

$$u(x') = c_1 \cosh(\beta x) + c_2 \sinh(\beta x) \tag{4.67}$$

式中：c_1、c_2 为待定常数；$\sinh$、$\cosh$ 为双曲正弦和双曲余弦函数。该式应满足边界条件：当 $x' = 0$ 时，$u(0) = 0$；当 $x' = -l_1/2$ 时，$\sigma_t(-l_1/2) = 0$。由此可解出 c_1、c_2，从而 $u(x')$ 得解，再由应力、应变和位移间的关系可得阴坡坡板上各点对应截面的冻缩应力分布为

$$\sigma_t(x') = -E_c \alpha_c \Delta T \left[1 - \frac{\cosh(\beta x')}{\cosh\left(\beta \dfrac{l_1}{2}\right)} \right] \tag{4.68}$$

通过坐标变换把上式由如图 4.20 所示坐标系转换为图 4.18 所示整体坐标系为

$$\sigma_t(x) = -E_c \alpha_c \Delta T \left[1 - \frac{\cosh\left[\beta\left(x - \dfrac{l_1}{2}\right)\right]}{\cosh\left(\beta \dfrac{l_1}{2}\right)} \right] \tag{4.69}$$

式中：l_1 为坡板长，m。式（4.69）中的负号表示温差为负即衬砌板冻缩时温度应力为拉力。

衬砌板在冻胀作用下为压弯构件，故仅需对危险截面上表面拉应力（即最大拉应力）进行验算即可。由小变形假设即迭加原理，衬砌板各截面上表面应力为以下三者作用效果的迭加：截面轴力（同时受切向冻胀力、切向冻结力和底板顶托力的影响）、截面弯矩及冻缩应力，即

$$\sigma_{i\max}(x) = \sigma_{iN}(x) + \sigma_{iM}(x) + \sigma_{it}(x) \tag{4.70}$$

式中：$\sigma_{i\max}(x)$ 为衬砌各截面上表面拉应力，kPa；$\sigma_{iN}(x)$ 为轴力引起的各截面上表面应力，kPa；$\sigma_{iM}(x)$ 为弯矩引起的各截面上表面应力，kPa；$\sigma_{it}(x)$ 为冻缩应力，kPa。

冬季寒区渠道的结构破坏通常表现为截面最大拉应力超过允许应力而导致衬砌板拉裂或折断，因此有必要对危险截面进行抗裂验算，计算公式为

$$\sigma_{\max}(x_{i\max}) = \frac{6M(x_{i\max})}{b_j^2} + \frac{N(x_{i\max})}{b_j} + \sigma_{it}(x_{i\max}) \leqslant [\sigma] \tag{4.71}$$

式中：$x_{i\max}$ 为危险截面的坐标，m；$\sigma_{\max}(x_{i\max})$ 为危险截面最大拉应力，kPa；$M(x_{i\max})$ 为危险截面弯矩，kN·m；$N(x_{i\max})$ 为危险截面轴力，kPa；$\sigma_{it}(x_{i\max})$ 为危险截面的冻缩应力，kPa；$[\sigma]$ 为允许应力，kPa；b_j 为板厚，m。j 为 1 或 2 时分别表示渠坡衬砌板或渠底衬砌板。

4.3.5　工程实例计算与结果分析

以甘肃白银靖会灌区某梯形渠道为例，该地区属干旱半干旱气候，越冬期日均最低气

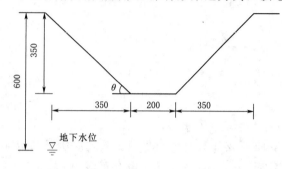

图 4.21　原型渠道断面尺寸（单位：cm）

温约为−16℃。采用 C25 混凝土衬砌，板厚为 0.12m，地下水埋深（至渠顶）约为 6m，土质为粉质壤土（即兰州黄土）。渠道阴坡、渠底和阳坡冻土层最低温度分别为 −13.21℃、−9.56℃ 和−7.53℃。渠道断面尺寸如图 4.21 所示。对该梯形渠道混凝土衬砌结构进行冻胀破坏力学分析。

条件具备时，各式经验系数应由现场试验数据拟合获取，此处主要通过参考文献取值。相关参数见表 4.1，各冻土层弹性模量均按冬季最低温度取值，这是偏安全的。坡角 θ 为 45°。

表 4.1　　　　　　　　　　　　　相关参数与经验系数

参　数	取　值	备　　注
E_c	2.2×10^4 MPa	混凝土弹性模量
α_c	1.0×10^{-5}/℃	混凝土温度膨胀系数（叶琳昌，1987；Zhu，2014）
E_{fm}	2.452MPa	阴坡冻土层弹性模量
E_{fe}	2.038MPa	渠底冻土层弹性模量
E_{fs}	1.779MPa	阳坡冻土层弹性模量
a	44.326	式（4.38）经验系数
b	1.1	式（4.38）经验系数
υ	0.422	式（4.41）经验系数（沙际德等，1996；王正中等，1999）
c	0.0015	式（4.42）经验系数
β	0.195	式（4.65）经验系数

注　参考相关文献（王希尧，1980；李安国等，1993；张钊等，1993；徐学祖，1994；山西省渠道防渗工程手册编委会，2003；陈肖柏等，2006；李甲林等，2013；安鹏等，2013）。

（1）模型求解及截面内力的计算。把式（4.52）～式（4.57）逐次代入可使各未知量均写为 $\tau_m(l_1)$ 和 $\tau_s(l_1)$ 的函数，把改写结果代入式（4.50）和式（4.51）联立求解可得：$\tau_m(l_1)=52.393$kPa，$\tau_s(l_1)=49.646$kPa。最后再把 $\tau_m(l_1)$、$\tau_s(l_1)$ 逐次回代到式（4.52）和式（4.53）中，则阴、阳坡和渠底衬砌板各自承受的所有外力均可解出，据此可对衬砌板截面内力进行计算。

以阴坡坡板为例，由式（4.58）可得阴坡坡板各截面的轴力分布如下式：

$$N_m(x)=1.214(e^{0.778x}-1)-5.292x^2 \tag{4.72}$$

再由式（4.59）得阴坡坡板各截面弯矩分布为

$$M_m(x)=2.923x-0.321x^2-0.172(e^{0.778x}-1) \tag{4.73}$$

（2）衬砌板截面最大拉应力分布及抗裂验算。对渠道衬砌板冻胀破坏的分析应先确定危险截面的位置。为此，需先对衬砌各截面最大拉应力分布进行计算。仍以阴坡坡板为例，由衬砌各截面内力计算结果可分别计算轴力引起的截面上表面应力 σ_{mN} 和弯矩引起的截面上表面应力 σ_{mM} 沿坡板的分布。又由式（4.69）可得各截面冻缩温度应力 σ_{mt} 沿坡板的分布为

$$\sigma_{mt}(x) = 5.28 - 4.73\cosh(0.195x - 0.483) \tag{4.74}$$

图 4.22 为应力 σ_{mN}、σ_{mM} 及 σ_{mt} 沿阴坡坡板的分布。由图可知，轴力引起的衬砌上表面应力 σ_{iN} 为压应力（为负值），其分布为自坡顶到坡脚逐渐增大；弯矩引起的衬砌上表面应力 σ_{iM} 为拉应力（为正值），其分布为坡板两端为 0，最大值约在距坡脚 1/3 板长处，与已有结果相符；冻缩应力 σ_{mt} 为拉应力（为正值），其分布为自坡顶到坡脚先增大后减小，最大值在坡板中部，也与相关文献研究结果一致，即在温度应力单独作用时存在"一再从中部开裂"的现象。

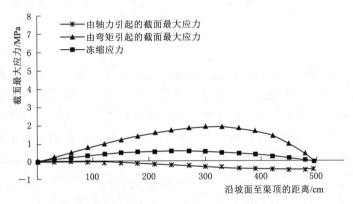

图 4.22　应力 σ_{mN}、σ_{mM} 及 σ_{mt} 沿阴坡坡板的分布

综上所述，由迭加原理可得衬砌板各截面表面应力即最大拉应力分布规律为

$$\sigma_{mmax}(x) = 1.218x - 0.178x^2 - 0.062(e^{0.778x} - 1)$$
$$+ 5.28 - 4.73\cosh(0.195x - 0.483) \tag{4.75}$$

该式极值点即为危险截面位置。由二分法求解，预定精度取 0.005，二分 7 次得 $x = 270.634$cm，相应的最大拉应力为 $\sigma_{mmax}(270.634) = 2.134$MPa。

（3）对比分析。图 4.23 为考虑双向冻胀与仅考虑法向冻胀的两种情形下阴坡坡板各截面轴力分布。由图可知，由于切向冻胀力作用效果是在坡板各截面产生拉力，从而考虑双向冻胀与仅考虑法向冻胀的情形相比，轴向压力量值明显减小。由式（4.71）可知轴向压力量值越大则最大截面拉应力计算值越小，即不考虑切向冻胀力的影响将过高估计轴向压力对截面拉应力的削减。

此外，由图 4.24 中可知考虑双向冻胀时轴力分布存在明显拐点，这是因为切向冻胀力与切向冻结力作用效果相反且沿渠坡变化规律不同。由式（4.43）可知，切向冻胀力沿渠坡从渠顶至坡脚呈指数规律增大（即开始增大缓慢而随后变得很快）；由基本假设 5），切向冻结力沿渠坡从渠顶至坡脚线性增大（即保持恒定速率增大）。综上可知，在坡板中上部，切向冻结力线性增大而切向冻胀力变化缓慢，此时切向冻结力占主导作用，使轴力

量值增大；而坡板中下部即靠近坡脚处，切向冻胀力由于指数规律快速增大而切向冻结力仍按恒定速率增大，此时切向冻胀力占主导作用，使轴力的量值转而减小，从而产生拐点。由此可见，渠基冻土双向冻胀对截面轴力乃至最大截面拉应力有显著的影响。

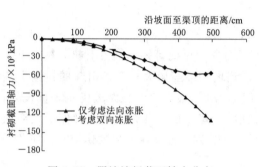

图 4.23　阴坡坡板截面轴力分布

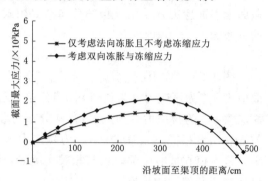

图 4.24　阴坡坡板截面最大拉应力分布

4.3.6　小结

（1）把负温下大型渠道衬砌板的冻胀破坏视为由冻土冻胀与衬砌板冻缩共同作用的结果，结合 Winkler 弹性地基假设，考虑冻土横观各向同性冻胀即双向冻胀差异，提出一种开放系统条件下梯形渠道衬砌板法向冻胀力和切向冻胀力分布的计算方法。并在此基础上建立综合考虑双向冻胀与衬砌板冻缩的大型渠道混凝土衬砌冻胀破坏力学模型。

（2）把负温条件下发生冻缩变形的渠道衬砌板视为受一维切向约束的均匀收缩矩形梁，推导了衬砌板冻缩应力的表达式，并通过迭加原理提出大型渠道衬砌结构的抗裂验算方法。应用该模型并结合工程算例分析了衬砌板各截面内力和冻缩应力的分布规律，得到了各截面最大拉应力分布规律及危险截面位置。

（3）对考虑双向冻胀和冻缩应力及仅考虑法向冻胀的两种情形进行了分析，结果表明：前者的截面最大拉应力极大值为 2.134MPa，而后者的相应值仅 1.494MPa，较前者小约 30%。因此，若仅考虑法向冻胀将导致计算值明显偏小，在大型梯形渠道混凝土衬砌结构的抗冻胀设计中建议综合考虑冻土双向冻胀和衬砌板冻缩应力的影响。

该模型基于小变形假设把冻胀力的作用效果与负温下衬砌板冻缩的作用效果分别计算，再应用迭加原理迭加，暂未考虑衬砌板冻缩受到基土约束时在接触界面产生的切向约束力与切向冻胀力、切向冻结力之间的相互影响。考虑多种情形耦合作用的模型仍有待进一步研究。

4.4　预制混凝土衬砌梯形渠道冻胀工程力学模型

目前，应用广泛的梯形渠道结构形式包括现浇混凝土衬砌结构与预制混凝土衬砌结构。两者都具有板薄、体轻的特点，且作为刚性结构都具备一定的抗压强度，但抗拉及抗弯性能较差，适应拉伸和不均匀冻胀变形能力弱。尽管两者存在许多相似之处，但无论在冻胀受力特点还是在冻胀破坏机理上都存在明显差别，已有的现浇混凝土渠道衬砌冻胀工程力学模型显然不能满足预制混凝土渠道的冻胀工程力学计算要求。

现对一类预制板尺寸相对断面整体尺寸适中的预制板衬砌梯形渠道建立冻胀工程力学模型。对预制板衬砌梯形渠道可能发生的冻胀破坏形式及破坏原因进行分类，根据不同的破坏类型确定相应的冻胀破坏验算控制截面位置（即危险截面位置），进而对不同破坏形式和破坏原因分别提出相应的冻胀破坏判断准则。

4.4.1 预制混凝土衬砌梯形渠道预制板间相互作用及冻胀破坏类型

现浇梯形渠道常见的冻胀破坏形式包括冻胀力作用下衬砌板某一截面弯矩过大而导致衬砌板的局部鼓胀、隆起、拉裂甚至折断等，此时衬砌作为刚性整体，内部各截面间既可以传递剪力也可以传递弯矩，冻胀破坏形式主要表现为衬砌板自身的破坏，即发生冻胀破坏的位置通常位于板内；预制板衬砌梯形渠道常见的冻胀破坏形式与现浇渠道不同，每块预制板自身通常不会发生冻胀破坏，衬砌结构冻胀破坏主要发生在预制板间接缝处，包括预制板间移位、错动、鼓胀、隆起、拉裂甚至结构失稳滑塌等。可见除因局部弯矩过大导致冻胀破坏以外，板间接缝处剪力也是导致预制混凝土衬砌结构发生冻胀破坏的主要原因，预制混凝土衬砌结构冻胀破坏较现浇混凝土衬砌有更多样的破坏形式及更复杂的破坏机理。由此可见，预制板衬砌梯形渠道应根据不同的冻胀破坏形式和破坏原因分别建立对应的破坏判断准则，且应主要对板间接缝处进行冻胀破坏验算，对预制板自身则通常不予验算。此外，现浇梯形渠道如果衬砌板某个截面发生冻胀破坏就意味着整块衬砌板已破坏，维护和修复须对衬砌板整体更换；预制混凝土衬砌梯形渠道的冻胀破坏则通常是相邻预制板间接缝处发生破坏，故此时只需对局部小范围内的几块预制板进行修复和更换，便于渠道衬砌结构的修理和维护。

预制板衬砌梯形渠道渠坡与渠底均由若干块混凝土预制板通过填缝材料连接而成。如何对相邻板间的相互作用进行合理简化是建立冻胀工程力学模型的关键，而预制板间的相互作用又与预制板铺设数量、预制板尺寸、渠道断面整体尺寸及板间接缝处所使用填缝材料的材料属性（如填缝材料的黏性、抗拉强度和抗剪强度等）密切相关。

如图 4.25 所示，预制板衬砌梯形渠道由于预制板相对渠道断面整体尺寸的大小及板间接缝处使用填缝料的材料属性不同，可分为力学特性不同的两类。对断面整体尺寸较大且预制板尺寸显著小于渠坡尺寸的渠道［图 4.25（a）］而言，由于此类渠道需铺设较多的预制板，为保证实际工程的经济性和实用性，通常选用拉伸黏结强度较弱的水泥砂浆填缝，结构整体性差，需以单块预制板为研究对象逐块分析，实际上此时的预制板应称为预制块较为妥当，从而此类渠道可称为预制块衬砌渠道。已有研究把块间相互作用简化为铰接点对衬砌结构进行冻胀工程力学分析，能较恰当地体现此类渠道的基本冻胀特征，如预制块衬砌渠道衬砌结构的冻胀破坏主要发生在预制块间的接缝处，预制块自身一般不破坏；与现浇梯形渠道主要因衬砌板内局部弯矩过大导致冻胀破坏不同，预制块间接缝处还可能因为截面剪力过大而导致预制块间发生移位和错动等剪切破坏形式。但需要指出，应用该模型时由于混凝土预制块间铰结点的存在，衬砌结构成为自由度数量多于约束数量的几何可变体系，求解面临很大困难。

对预制板尺寸相对断面整体尺寸适中的预制板衬砌渠道［图 4.25（b）］而言，由于

（a）尺寸较小的预制板　　　　　　　　　　　　　（b）尺寸适中的预制板

图4.25　不同预制板尺寸的预制混凝土梯形渠道

预制板铺设数量少，常选用拉伸黏结强度较强的弹性填缝材料（如塑料油膏、聚氨酯等），此时虽然坡板存在若干分缝，但仍可保持较好的整体性。这里仅对如图4.25（b）所示的上述第二类渠道进行讨论并将渠道坡板简化为变材料变截面简支梁，认为其受力特征与现浇梯形渠道类似。

前已述及，与现浇梯形渠道衬砌多由于板内弯矩过大而导致冻胀破坏不同，预制混凝土衬砌渠道的冻胀破坏形式多样，且均集中在预制板间的接缝处。主要可以分为以下三种类型：

（1）当相邻板间接缝处所承受剪力过大时，同时由于渠道底板顶托力的作用导致预制板始终受到轴向压力的作用，预制板之间极易发生相互错动和移位。通常发生在坡板的中上部。

（2）当相邻板间接缝处所承受弯矩过大时，板间填缝材料因承受较大拉应力而导致轴向伸长和拉裂。通常易发生在坡板的中下部及底板中部。

（3）当相邻板间接缝处法向冻胀位移过大时，衬砌结构易出现鼓胀和隆起，并可能影响结构稳定性并导致架空和滑塌。通常易发生在坡板中下部。

4.4.2　预制混凝土衬砌梯形渠道冻胀破坏力学分析

此处讨论的研究对象中预制板的铺设数量及渠道断面整体尺寸均适中，渠道坡板在发生冻胀破坏之前可以保持较良好的整体性。以渠坡与渠底均铺设三块预制板的典型情况为例［图4.25（b）］，断面示意图及力学分析简图如图4.4～图4.7所示。

渠道坡板所受法向冻胀力的分布规律为

$$q(x) = Ea e^{-b[\sin\theta(L-x) + z_0]} \tag{4.76}$$

式中：x 为坡板各点沿坡面至坡顶的距离，cm；L 为坡板长，cm；z_0 为坡脚地下水位，cm。

1. 渠道衬砌结构截面内力的计算公式

由于板间填缝处弹性填缝材料（如聚氨酯、塑料油膏等）对切向应力的调整和吸收作用，切向冻结力量值较现浇梯形渠道小。加之衬砌结构为薄板结构，且就梯形渠道而言，衬砌板均为直板，切向冻结力对各截面形心的力臂较小。综上，作用在坡板底部的切向冻结力对各截面弯矩影响较小。为避免公式过于烦琐，便于实际应用，忽略切向冻结力产生的弯矩。

在下列各式中，$k=aE/bH$，$q(L)=q_{max}$，$\tau(L)=\tau_{max}$，$L=3l+2d$ 为渠道坡板的长度，$L'=3l'+2d$ 为渠道底板的长度，渠道断面深度为 H，此处 l 为单块预制板长。

现以渠坡衬砌板为例，坐标系如图 4.6 所示，衬砌板各截面内力计算公式为

（1）预制板内与板间接缝处应有相同的轴向压力，从而轴力计算公式可统一写为

$$N(x)=\frac{\tau(L)}{2L}x^2 \tag{4.77}$$

（2）渠道坡板各截面弯矩计算公式为

$$M(x)=k\{x[q(L)-q(0)]-L[q(x)-q(0)]\} \tag{4.78}$$

由式（4.78）可知坡顶与坡脚处弯矩有 $M(0)=M(L)=0$，即坡板两端弯矩为 0，这与前述渠道坡板为简支梁的假设相符。

（3）渠道坡板各截面剪力计算公式为

$$F_A(x)=k\{Lq(x)-[q(L)-q(0)]\} \tag{4.79}$$

应用底板静力平衡条件可得坡脚处最大切向冻结力 $\tau(L)$ 的计算公式为

$$\tau(L)=\frac{2}{H}\{F_A(L)\cos\theta+L'[q(L)-\gamma'b']\} \tag{4.80}$$

由前述假定，切向冻结力沿渠坡呈线性关系，从而由式（4.80）可确定坡板切向冻结力分布。

2. 渠道坡板各截面弯矩和剪力分布规律的简化分析

为了更加直观地分析坡板各截面弯矩和剪力分布规律，将式（4.78）、式（4.79）分别按照泰勒级数展开并略去所有大于三次的高阶项，可得坡板各截面弯矩和剪力的近似分布规律，均为三次多项式形式（图 4.26）。各截面弯矩和剪力的分布规律与相关文献结果（王正中，2004）基本相符。事实上，该文献中预先假定的法向冻胀力分布规律可以看作式（4.76）的一级近似。

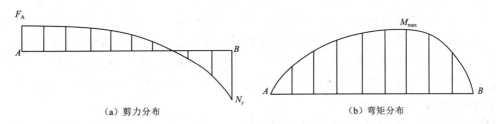

（a）剪力分布　　　　　　　　　　　　（b）弯矩分布

图 4.26　衬砌渠道渠坡衬砌板各截面的剪力和弯矩分布

（F_A 为截面剪力，N；M_{max} 为截面最大弯矩，N·m）

由图 4.26 可见，坡板中下部截面弯矩较大，坡顶附近截面弯矩较小；坡板各截面剪力则是坡板两端数值较大，坡板中下部则由于截面弯矩在峰值附近且变化平缓，故相对较小。因此，接缝 α 处截面弯矩相对较小而剪力相对较大；接缝 β 处截面弯矩相对较大而剪

力较小。由此可见，为确保结构不会发生冻胀破坏，应主要针对接缝 α 验算预制板间接缝处填缝材料的抗剪强度，同时对接缝 β 验算板间接缝处填缝材料抗拉强度及该截面上的法向冻胀位移。

4.4.3　预制混凝土衬砌渠道冻胀破坏判断准则

为简化分析，认为填缝材料中水泥砂浆不承担截面受力，这是偏安全的，且不影响截面内力计算结果。前已述及，预制混凝土衬砌渠道冻胀破坏含轴向拉裂、剪切和弯曲破坏三种类型。现分别确定相应的冻胀破坏判断准则。设预制板衬砌梯形渠道中混凝土与板间接缝处弹性填缝材料的弹性模量分别为 E_1 和 E_2，单位宽度截面对中性轴的惯性矩分别为 I_1 和 I_2，横截面积分别为 A_1 和 A_2，厚度分别为 b 和 b_1。

（1）当预制板间接缝处填缝材料所受截面弯矩过大时，填缝材料将由于承受过大的截面拉应力而导致拉裂。为了避免发生此类冻胀破坏，必须保证板间接缝处填缝材料最大拉应变不超过材料的许用拉应变。工程实践中一般采用下式对构件危险截面进行抗裂验算：

$$\frac{\sigma_{\max}(x)}{E_j} = \frac{1}{E_j}\left(\frac{6M(x)}{b_k^2} - \frac{N(x)}{b_k}\right) \leqslant [\varepsilon] \tag{4.81}$$

式中：b_k 为计算截面厚度，m；E_j 为相应截面材料的弹性模量，kPa。当截面材料为混凝土时，取 $j=1$ 且 $b_k=b$；当截面材料为填缝时，则取 $j=2$ 且 $b_k=b_1$，下同；$\sigma_{\max}(x)$ 为坡板各截面最大拉应力，kPa；$M(x)$ 为各截面弯矩，N·m；$N(x)$ 为各截面轴向压力，N；$[\varepsilon]$ 为允许轴向拉应变。

（2）当预制板间接缝处填缝材料承受截面剪力过大时，加之由于底板对坡板的顶托作用使渠道坡板始终受到轴向压力的作用，易导致预制板之间的错动和移位。为了避免出现此类冻胀破坏，衬砌结构各截面所承受的最大切应力不应超过其许用切应力，即

$$\tau_{\max}(x) = \frac{3}{2} \times \frac{F_A(x)}{A_j} = \frac{3F_A(x)}{2b_k} \leqslant [\tau] \tag{4.82}$$

式中：A_j 为计算截面面积，m^2；$\tau_{\max}(x)$ 为相应截面最大切应力，kPa；$F_A(x)$ 为相应截面剪力，kN；$[\tau]$ 为相应截面材料的许用切应力，kPa。

（3）有时即使衬砌板间接缝处填缝材料不会发生轴向拉裂或错动、移位等剪切冻胀破坏，由于其鼓胀、隆起等所造成的法向冻胀位移过大，也将使渠道衬砌结构发生严重弯曲变形，从而可能影响到渠道衬砌结构稳定性，导致衬砌板架空甚至滑塌，因此各截面法向冻胀位移值不应超过《渠系工程抗冻设计规范》（SL 23—2006）所规定的允许值（黑龙江省水利水电勘测设计研究院，2006），即

$$\Delta \leqslant [\Delta h] \tag{4.83}$$

式中：Δ 为截面实际的法向冻胀位移；$[\Delta h]$ 为规范所规定的允许法向位移值。

梁的挠曲线微分方程通常只适用于纯弯曲的情形，但在梁的跨长大于横截面的高度十倍以上时，截面剪力对梁的位移的影响已经很小，此时也可用于横力弯曲情况下直梁各截面的挠度计算。以坡板为例（对于渠底衬砌板的相应分析与其类似），对微分方程积分后可得

$$\omega(x)=\begin{cases} -\dfrac{1}{E_1 I_1}\int\left[\int M(x)\mathrm{d}x\right]\mathrm{d}x+c_1 x+c_2 & x\in[0,l]\\[3mm] -\dfrac{1}{E_2 I_2}\int\left[\int M(x)\mathrm{d}x\right]\mathrm{d}x+c_3 x+c_4 & x\in[l,l+d]\\[3mm] -\dfrac{1}{E_1 I_1}\int\left[\int M(x)\mathrm{d}x\right]\mathrm{d}x+c_5 x+c_6 & x\in[l+d,2l+d]\\[3mm] -\dfrac{1}{E_2 I_2}\int\left[\int M(x)\mathrm{d}x\right]\mathrm{d}x+c_7 x+c_8 & x\in[2l+d,2(l+d)]\\[3mm] -\dfrac{1}{E_1 I_1}\int\left[\int M(x)\mathrm{d}x\right]\mathrm{d}x+c_9 x+c_{10} & x\in[2(l+d),L] \end{cases} \quad(4.84)$$

由式（4.78）知 $M(x)$ 为多项式函数，对该函数积分不存在理论上的困难。应用边界条件（即坡板两端挠度为 0，共两个方程）及连接点处挠曲线函数及其导函数连续性（三块预制板及两处弹性接缝材料之间的相互连接一共包含 4 个连接点，每处可导出两个方程，共 8 个方程）可分别确定式中 10 个积分常数，进而可计算坡板各点法向位移。

事实上，通常只需对板间接缝处挠度进行验算，采用单位荷载法可直接计算板间接缝处的法向位移。仍以坡板为例，由于板间接缝缝宽通常较小，为简化计算，以平均挠度值作为板间接缝处法向位移值。当计算接缝 α 处位移时，忽略其缝宽，仅考虑 β 处缝宽，反之亦然。坡板各截面由实际荷载引起的弯矩 $M_\mathrm{p}(x)$ 可由式（4.78）计算。通过分别在渠坡衬砌板的两个接缝 α 和 β 处虚设单位荷载，可分别计算出渠坡衬砌板各截面的弯矩，结果为

$$\overline{M}_\alpha(x)=\begin{cases} -\dfrac{2}{3}x & x\in[0,l]\\[3mm] \dfrac{1}{3}x-l & x\in[l,l-d] \end{cases} \quad(4.85)$$

$$\overline{M}_\beta(x)=\begin{cases} -\dfrac{1}{3}x & x\in[0,2l]\\[3mm] \dfrac{2}{3}x-2l & x\in[2l,l-d] \end{cases} \quad(4.86)$$

结合式（4.78）可由以下两式分别计算板间接缝 α 和 β 处的法向冻胀位移为

$$\Delta_\alpha=\int_0^{2l}\frac{M_\mathrm{p}(x)\overline{M}_\alpha(x)}{E_1 I_1}\mathrm{d}x+\int_{2l}^{2l+d}\frac{M_\mathrm{p}(x)\overline{M}_\alpha(x)}{E_2 I_2}+\int_{2l+d}^{L-d}\frac{M_\mathrm{p}(x)\overline{M}_\alpha(x)}{E_1 I_1}\mathrm{d}x \quad(4.87)$$

$$\Delta_\beta=\int_0^{l}\frac{M_\mathrm{p}(x)\overline{M}_\beta(x)}{E_1 I_1}\mathrm{d}x+\int_{2l}^{l+d}\frac{M_\mathrm{p}(x)\overline{M}_\beta(x)}{E_2 I_2}+\int_{l+d}^{L-d}\frac{M_\mathrm{p}(x)\overline{M}_\beta(x)}{E_1 I_1}\mathrm{d}x \quad(4.88)$$

4.4.4 工程实例计算与结果分析

以甘肃省张掖市友联灌区某预制板衬砌梯形渠道为例，该地区年最低气温为 $-22℃$。采用 C20 混凝土衬砌，板间接缝处所填缝材料为聚氨酯，基土土质为壤土。预制板长度为 0.6m，厚度为 0.08m。板间缝宽为 0.01m，边坡为 1∶1。用于填缝的水泥砂浆与聚氨酯材料厚度比为 1∶3；地下水埋深（即渠顶地下水位）为 3m。验算该预制板衬砌渠道是

否可能发生冻胀破坏。

相关技术指标如下（徐培林等，2002）：填缝材料聚氨酯密封胶的抗剪强度 $[\tau]$ 取为 0.8MPa，恢复伸长率 $[\varepsilon]$ 取为 0.9，弹性模量 E_2 取为 400MPa。混凝土材料弹性模量 E_1 取为 2.2×10^4MPa，比重取为 24kN/m^3。仍以坡板为例，由式（4.76）可导出坡板所承受的法向冻胀力分布规律为 $q(x)=3.94e^{0.01x}$，单位为 kPa。预制板厚度为 0.08m，故板间接缝处聚氨酯填缝材料厚度为 0.06m。

（1）截面抗拉强度验算。衬砌渠道渠坡衬砌板第二块与第三块预制板间的接缝 β 处填缝材料所承受的截面轴力为 $N(1.21)=63.46$kN/m，截面弯矩为 $M(1.21)=26.98$kN·m。

从而由式（4.81）可得

$$\frac{\sigma_{\max}(\beta)}{E_2}=\frac{1}{E_2}\left(\frac{6M(\beta)}{b_2^2}-\frac{N(\beta)}{b_2}\right)=0.11\leqslant0.9=[\varepsilon] \tag{4.89}$$

（2）抗剪强度验算。接缝 α 处剪力为 $F_A(\alpha)=30.68$kN/m。从而由式（4.82）得

$$\tau_{\max}(\alpha)=\frac{3}{2}\times\frac{F_A(\alpha)}{A_2}=767\text{kPa}\leqslant800\text{kPa}=[\tau] \tag{4.90}$$

（3）应用单位荷载法对预制板间接缝处的法向冻胀位移计算。由式（4.78）可得坡板各截面由实际荷载引起的弯矩 $M_p(x)=-7.01e^{0.01x}+70.68x+7.01$。又由式（4.87）、式（4.88）可分别计算接缝 α 和 β 处虚设单位荷载后坡板各截面的弯矩 $\overline{M}_\alpha(x)$、$\overline{M}_\beta(x)$。再分别对式（4.87）和式（4.88）积分可得接缝 α 和 β 处法向冻胀位移。由此计算出的 α 处法向冻胀位移值 Δ_α 很小，可忽略不计；β 处法向冻胀位移值为 $\Delta_\beta=1.97$cm$\leqslant[\Delta h]=2$cm。

综上所述，控制截面弹性填缝材料伸长率小于恢复伸长率，填缝材料不会因截面拉应力过大而发生拉裂破坏，且伸长变形可恢复；控制截面弹性填缝材料所受最大切应力小于材料允许切应力，可见预制板间接缝处不会因为剪应力过大而导致预制板间的移位和错动；渠坡衬砌板第一块预制板与第二块预制板间接缝 α 处的法向冻胀位移通常很小，可以忽略不计，不予验算，控制截面应选为接缝 β 处即渠坡衬砌板第二块与第三块预制板之间的接缝处，同时计算出该处的法向冻胀位移小于规范允许值，可见渠坡衬砌板也不会因为变形过大而造成冻胀破坏，且可以保证渠坡衬砌结构的稳定性。以上的计算和分析结果与工程实际基本相符。

4.4.5　小结

对一类预制板尺寸及断面整体尺寸适中的预制板衬砌梯形渠道建立冻胀工程力学模型。结合冻胀工程力学分析和工程实践，对预制混凝土衬砌结构可能发生的冻胀破坏形式和破坏原因进行了分类，并分别确定相应的冻胀破坏验算控制截面位置（即危险截面位置），进而对不同破坏形式和破坏原因分别提出相应冻胀破坏判断准则，形成较完整的计算方法和判据。最后采用单位荷载法提出一种对预制板间接缝处的法向冻胀位移进行直接验算的方法。

4.5　曲线形断面衬砌渠道冻胀工程力学模型

不同断面几何形状对渠道抗冻性能、过流能力、特征水深和工程建造成本等有很大影响，选取科学合理的断面几何形状可显著提高结构经济性、实用性和耐久性。常见断面几何形状既包括矩形、梯形等直线形断面，也包括 U 形、抛物线形等曲线形断面。近年来，直线形与曲线形相结合的复合断面例如三角形边坡＋抛物线形渠底断面（Babaeyan-Koo-paei，2000）、平方抛物线形边坡＋平底断面（Das，2007；Easa，2009）及半立方抛物线边坡＋平底断面（Han，2015）等断面几何形状也开始得到应用。虽然目前灌区实践中仍以直线形断面为主，但随着渠道建造技术和工艺的改进及大型衬砌机械的推广，曲线形及复合形断面越来越受到重视和青睐。

目前，已有渠道冻胀工程力学模型涉及的断面几何形状多以直线形为主（余书超，1999；王正中，2004；申向东等，2012；李甲林等，2013），其中有一部分涉及曲线形断面的坡段（王正中等，2008；张茹等，2008；卢琴等，2009；孙杲辰等，2012），也仅是假定法向冻胀力在曲线形坡段呈均匀分布且切向冻结力沿板长呈线性分布，既未考虑衬砌各点地下水位逐点不同的影响，也未考虑各点局部几何特性（如断面曲线各点斜率和曲率等）不同的影响。事实上，已有模型所采用的荷载分布在曲线形坡段长度较短且坡度较缓时（如弧形坡脚梯形、弧底梯形断面等）分析结果足够准确，但对如大 U 形、抛物线形等以曲线形坡段为主或全断面均为曲线形的渠道就难以获得满意结果。此外，已有模型对不同断面渠道需建立不同力学模型，彼此缺乏兼容性与通用性，为简化设计过程、提高设计效率，把不同断面几何形状渠道冻胀破坏特征用统一方法描述，建立通用渠道冻胀工程力学模型是非常有意义的。

本节内容将针对开放系统条件下曲线形断面衬砌渠道对上述问题进行有益的探索，尝试对全部或部分采用曲线形断面的渠道建立统一、通用冻胀工程力学模型。其中抛物线形断面渠道全断面均为曲线形且各点至地下水埋深的距离及各点局部几何性质均逐点变化，极具典型性和代表性，如巴基斯坦的 High Level 渠、西班牙的 Genil Cabra 渠等均采用平方抛物线形作为渠道断面（Anwar and Vires，2003，韩延成等，2017）。众多学者对此类渠道水力特性和特征水深进行了研究（张建民等，2005；魏文礼等，2006；王正中等，2011；张新燕等，2012；文辉等，2014），但同时对其冻胀特征的研究则鲜有报道。本小节以平方抛物线形断面衬砌渠道为例对曲线形断面渠道进行冻胀工程力学分析和计算。

4.5.1　开放系统下曲线形断面衬砌渠道的工程特性及冻胀特征

以下对开放系统下现浇整体式曲线形断面渠道主要工程特性与冻胀特征进行简要分析。

（1）曲线形断面渠道水流流态好、水头损失小、不易淤积、节省耕地，同时结构耐久性好、抗冻胀性能优良、复位能力强，施工制模易于计算和控制。

（2）地下水补给是衬砌各位点冻土冻胀强度的主要影响因素，直接决定冻土冻胀强度分布规律。越靠近地下水埋深时，衬砌各点对应处冻土冻胀强度受地下水影响越大，表现为量值较大且分布越不均匀；越远离地下水埋深时衬砌各点对应处冻土冻胀强度受地下水影响越小，表现为量值较小且趋于均匀分布。这与工程实际基本相符。

（3）整体式现浇曲线形渠道的断面曲线连续光滑，没有连接衬砌各部分的接缝和拐角，受到外力时表现出的整体性比常见梯形断面渠道有明显提高。因此，结构在冻胀力作用下易发生整体上抬，加之阴、阳坡太阳辐射差异导致两侧受力不均衡又使结构发生微小刚性转动。这种位移协调和变形释放将使结构两侧冻胀力分布趋于对称，因此可采用对称模型进行力学分析，暂不考虑由此造成的其他影响（如对阴坡冻土层的挤压作用等）。

（4）除渠道衬砌各点至地下水埋深距离不同以外，断面几何特性也会对冻胀力、冻结力分布产生影响。工程实践表明，不同断面几何形状的渠道适应冻胀性能不同。如宽浅式断面渠道比窄深式渠道有更良好的适应冻胀性能。对U形、抛物线形等曲线形断面渠道而言，断面曲线斜率逐点变化也必然对冻胀力分布产生影响。

（5）曲线形断面渠道与一般直线形断面渠道相比有以下两处差异。首先，渠道衬砌通常为薄板结构，对直线形断面渠道而言，切向冻结力对各截面形心的力臂较小，计算截面弯矩时切向冻结力作用通常可忽略。对曲线形断面渠道而言，切向冻结约束力的拱效应必须考虑，其产生的弯矩不可忽略。其次，已有模型在建立冻胀破坏判断准则时，一般基于直梁理论进行抗裂验算，而对曲线形断面渠道显然应考虑曲梁曲率影响导出衬砌冻胀破坏判断准则。

4.5.2　衬砌板法向冻胀力和切向冻结力的计算

平方抛物线形断面渠道断面曲线方程为（坐标系见图4.8）

$$y(x) = k_1 x^2 \tag{4.91}$$

式中：k_1 为系数。由几何关系可知衬砌各点至地下水埋深的距离，即各点地下水位为

$$z(x) = d + k_1 x^2 \tag{4.92}$$

式中：$z(x)$ 为衬砌各点地下水位，cm；d 为渠道底部中心点处地下水位，cm。

1. 法向冻胀力的计算

大量文献与试验研究表明，特定地区特定气象、土质条件下，冻土冻胀强度与地下水位间呈如下负指数关系：

$$\eta = a\, e^{-bz} \tag{4.93}$$

式中：η 为冻土冻胀强度，%；z 为计算点地下水位，m；a、b 为与特定地区特定气象、土质条件有关的经验系数，当条件具备时，应由现场试验数据拟合获取。

前已述及，对旱寒区开放系统条件下的衬砌渠道而言，特定地区特定气象、土质条件下，地下水补给强度不同是引起衬砌各点对应处渠基冻土冻胀强度差异的主导因素。基于此，结合式（4.92）和式（4.93）可得衬砌各点对应处渠基冻土冻胀强度计算公式为

$$\eta[z(x)] = a\, e^{-bz(x)} = a\, e^{-b(d+k_1 x^2)} \tag{4.94}$$

式中：x 为衬砌各点的坐标（坐标系见图4.8和图4.9），m；$z(x)$ 为衬砌各点的地下水位；$\eta[z(x)]$ 为衬砌各点对应处渠基冻土的冻胀强度，%。

由式（4.6），衬砌各点法向冻胀力分布可由下式计算：

$$q(x)=0.01E_f\eta[z(x)]=0.01E_f a e^{-b(d+k_1 x^2)} \tag{4.95}$$

式中：$q(x)$ 为衬砌板上各点承受的法向冻胀力，MPa；E_f 为渠基冻土的弹性模量，MPa。

衬砌板各点法向冻胀力在 x 轴和 y 轴上的分量为

$$
\begin{aligned}
q_x(x)&=q(x)\frac{|y'(x)|}{\sqrt{1+[y'(x)]^2}}\\
&=0.01E_f a e^{-b(d+k_1 x^2)}\frac{2k_1|x|}{\sqrt{1+4k_1^2 x^2}}
\end{aligned}
\tag{4.96}
$$

$$
\begin{aligned}
q_y(x)&=q(x)\frac{1}{\sqrt{1+[y'(x)]^2}}\\
&=0.01E_f a e^{-b(d+k_1 x^2)}\frac{1}{\sqrt{1+4k_1^2 x^2}}
\end{aligned}
\tag{4.97}
$$

式中：$q_x(x)$ 和 $q_y(x)$ 分别为衬砌板上各点法向冻胀力 $q(x)$ 在 x 轴和 y 轴上的投影，MPa；$y'(x)$ 为渠道断面曲线上各点斜率。就平方抛物线断面衬砌渠道而言，有 $y'(x)=2k_1 x$。

2. 切向冻结力的计算

冻胀力作用下两侧坡板所受切向冻结力对称分布，渠底中心处切向冻结力大小应为零。已有力学模型中，直线段各点切向冻结力大小取决于对应地下水位，主要考虑地下水补给影响；曲线段各点切向冻结力大小则取决于断面曲线各点的斜率，即沿坡板长逐渐减小且保证在渠底中心处为 0，此时主要考虑断面曲线局部几何特性影响。由此可见，已有模型在计算直线形和曲线形坡段时分别考虑地下水补给与断面曲线局部几何特性影响，但没有将两者综合考虑。尝试综合考虑地下水补给与断面几何特性影响，既认为衬砌板上各点切向冻结力的大小同时取决于各点至地下水埋深的距离以及渠道断面曲线中各点的斜率，可由下式描述：

$$
\begin{aligned}
\tau(x)&=k_2|y'(x)|[h-y(x)]=k_2|y'(x)|[h-y(x)]\\
&=2k_1 k_2|x|(h-k_1 x^2)
\end{aligned}
\tag{4.98}
$$

式中：k_2 为比例系数。该式第一行为适用于一般曲线形断面渠道的通用公式，第二行为平方抛物线形渠道的计算公式。由式（4.98）可见，考虑直线段时，断面曲线各点斜率 $y'(x)$ 为常数，从而切向冻结力大小沿坡面呈线性分布，且越临近渠底即越靠近地下水位，切向冻结力越大，与已有模型等价；考虑曲线段时，式（4.98）既突出了地下水补给在开放系统条件下渠基冻土冻胀过程中的主导作用，又体现了渠道断面几何特性对衬砌结构所承受冻胀力荷载的影响，同时还满足在渠底中心处切向冻结力为 0 的必要条件。

衬砌板上各点所受切向冻结力分别在 x 轴和 y 轴上的分量可表示为

$$
\begin{aligned}
\tau_x(x)&=\tau(x)\frac{1}{\sqrt{1+[y'(x)]^2}}\\
&=2k_1 k_2|x|(h-k_1 x^2)\frac{1}{\sqrt{1+4k_1^2 x^2}}
\end{aligned}
\tag{4.99}
$$

$$\tau_y(x) = \tau(x)\frac{y'(x)}{\sqrt{1+[y'(x)]^2}}$$

$$= k_1 k_2 |x|(h-k_1 x^2)\frac{4k_1|x|}{\sqrt{1+4k_1^2 x^2}} \tag{4.100}$$

式中：$\tau_x(x)$ 和 $\tau_y(x)$ 分别为衬砌板上各点承受的切向冻结力 $\tau(x)$ 在 x 和 y 轴上的投影，MPa。

3. 模型的通用性

虽然以上各式都以平方抛物线形断面渠道为例，但不难发现：决定冻土冻胀特性的衬砌各点地下水位 $z(x)$ 及反映断面曲线几何特性的各点斜率 $y'(x)$ 对一般的曲线形断面渠道具有通用性。现以弧形底梯形渠道为例说明类似的方法也可用于复合断面渠道。图 4.27 为弧形底梯形渠道断面示意图。仍以渠底中心为原点建立坐标系 $O-xy$，其中 2θ 为弧形底板圆心角，R 为弧形底板半径，L 为坡板长度，其余各变量的含义与图 4.8 相同。

可建立弧形底梯形衬砌渠道断面曲线的方程为

$$y(x) = \begin{cases} R(1-\cos\theta)-\tan\theta(R\sin\theta+x) & -B \leqslant x \leqslant R\sin\theta \\ R-\sqrt{R^2-x^2} & -R\sin\theta < x < R\sin\theta \\ R(1-\cos\theta)+\tan\theta(R\sin\theta-x) & R\sin\theta \leqslant x \leqslant B \end{cases} \tag{4.101}$$

由式（4.101）并应用与式（4.91）～式（4.100）完全类似的方法可导出弧形底梯形断面渠道衬砌结构承受的法向冻胀力和切向冻结力的分布规律。

4.5.3　力学模型的求解

1. 约束反力的计算

衬砌所受荷载包括法向冻胀力 $q(x)$、法向冻结约束反力 N_m、N_s 和切向冻结约束反力 $\tau(x)$。计算切向冻结约束反力的关键在于确定系数 k_2。由于衬砌结构为薄壳结构，不考虑重力作用，这是偏安全的。法向冻结约束反力 N_m、N_s 在 x 轴与 y 轴上的投影分别为（以 s 侧为例）

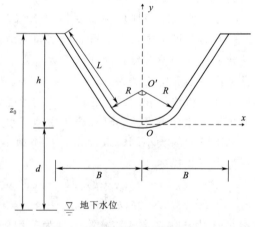

图 4.27　弧形底梯形渠道断面

$$N_{sx} = N_s\frac{y'(B)}{\sqrt{1+[y'(B)]^2}} = N_s\frac{2k_1 B}{\sqrt{1+4k_1^2 B^2}} \tag{4.102}$$

$$N_{sy} = N_s\frac{1}{\sqrt{1+[y'(B)]^2}} = N_s\frac{1}{\sqrt{1+4k_1^2 B^2}} \tag{4.103}$$

由竖直方向静力平衡条件（由对称性仅考虑 s 侧），应用第一型曲线积分为

$$\int_{\varphi_1}[q_y(x)-\tau_y(x)]\mathrm{d}s - N_{sy} = \int_0^B[q_y(x)-\tau_y(x)]\sqrt{1+4k_1^2 x^2}\,\mathrm{d}x - N_{sy} = 0 \tag{4.104}$$

式中：φ_1 为渠道断面曲线的 s 侧弧段；ds 为弧微分。

把式（4.97）、式（4.100）与式（4.103）分别代入式（4.104）可得

$$\int_0^B \left[q_y(x) - \tau_y(x)\right] \sqrt{1 + 4k_1^2 x^2}\, dx - N_{sy}$$

$$= \int_0^B \left[0.01 E_f a\, e^{-b(d+k_1 x^2)} - 4k_1^2 k_2 x^2 (h - k_1 x^2)\right] dx - N_s \frac{1}{\sqrt{1 + 4k_1^2 B^2}}$$

$$= (0.01 E_f a\, e^{-bd}) \int_0^B e^{-bk_1 x^2}\, dx - \int_0^B \left[4k_1^2 k_2 x^2 (h - k_1 x^2)\right] dx - \frac{1}{\sqrt{1 + 4k_1^2 B^2}} N_s$$

$$= \frac{0.01 E_f a\, e^{-bd}}{\sqrt{\pi b k_1}} \mathrm{erf}(\sqrt{bk_1}\, B) - \frac{4}{3} k_1^2 k_2 h B^3 + \frac{2}{5} k_1^3 k_2 B^5 - \frac{1}{\sqrt{1 + 4k_1^2 B^2}} N_s$$

$$= c_1 + c_2 k_2 - c_3 N_s$$

$$= 0 \tag{4.105}$$

其中：

$$c_1 = \frac{0.01 E_f a\, e^{-bd}}{\sqrt{\pi b k_1}} \mathrm{erf}(\sqrt{bk_1}\, B) \tag{4.106}$$

$$c_2 = \frac{2}{5} k_1^3 B^5 - \frac{4}{3} k_1^2 h B^3 \tag{4.107}$$

$$c_3 = \frac{1}{\sqrt{1 + 4k_1^2 B^2}} \tag{4.108}$$

其中，$\mathrm{erf}(\eta)$ 为误差函数，形式为

$$\mathrm{erf}(t) = \frac{2}{\sqrt{\pi}} \int_0^t e^{-\eta^2}\, d\eta \tag{4.109}$$

由力矩平衡条件（以 s 侧坡顶截面形心为轴），仍应用第一型曲线积分为

$$\int_{\varphi_2} \left[(\tau_y - q_y)(B - x)\right] ds + N_{my} 2B = \int_{-B}^B \left[(\tau_y - q_y)(B - x)\right] \sqrt{1 + 4k_1^2 x^2}\, dx + N_{my} 2B = 0 \tag{4.110}$$

式中：φ_2 为整个断面曲线；ds 为弧微分。

把式（4.97）、式（4.100）与式（4.103）分别代入式（4.110）可得

$$\int_{-B}^B \left[(\tau_y - q_y)(B - x)\right] \sqrt{1 + 4k_1^2 x^2}\, dx + N_{my} 2B$$

$$= \int_{-B}^B \left[4k_1^2 k_2 x^2 (h - k_1 x^2)(B - x)\right] dx - \int_{-B}^B \left[0.01 E_f a\, e^{-b(d+k_1 x^2)}(B - x)\right] dx + c_3 N_m 2B$$

$$= c_4 k_2 - c_5 + c_6 N_m$$

$$= 0 \tag{4.111}$$

其中：

$$c_4 = \frac{8}{3} k_1^2 h B^4 - \frac{8}{5} k_1^3 B^5 \tag{4.112}$$

$$c_5 = \frac{0.02 E_f a B\, e^{-bd}}{\sqrt{\pi b k_1}} \mathrm{erf}\left(\sqrt{bk_1}\, B\right) \tag{4.113}$$

$$c_6 = \frac{2B}{\sqrt{1 + 4k_1^2 B^2}} \qquad (4.114)$$

对特定地区的具体渠道而言，以上各式中的经验系数与断面参数是确定的，从而系数 $c_1 \sim c_6$ 均为积分常数。由对称性并考虑到 $N_m = N_s$，联立式 (4.105)、式 (4.111) 可解出法向冻结约束反力 N_m、N_s 及切向冻结约束反力 $\tau(x)$。

2. 截面内力的计算

以 s 侧坡板为例导出截面内力计算公式。

(1) 截面轴力的计算。取坐标为 x' 的截面及该截面以上弧段（即 $x \in \{x \mid \varphi_3 : B \geqslant x \geqslant x'\}$）为隔离体，由水平方向静力平衡条件有

$$N_x(x') - \int_{\varphi_3} (\tau_x + q_x)\mathrm{d}s + N_{sx} = N_x(x') - \int_{x'}^{B} (\tau_x + q_x)\sqrt{1 + 4k_1^2 x^2}\,\mathrm{d}x + N_{sx} = 0$$

$$(4.115)$$

式中：φ_3 为渠道断面曲线 s 侧坐标为 x' 的截面及该截面以上的弧段；$\mathrm{d}s$ 为弧微分；$N_x(x')$ 为坐标为 x' 的截面轴力 $N(x')$ 在 x 轴方向上的投影。

把式 (4.96)、式 (4.99) 与式 (4.102) 分别代入式 (4.115) 可得

$$
\begin{aligned}
N_x(x') &= \int_{x'}^{B} (\tau_x + q_x)\sqrt{1 + 4k_1^2 x^2}\,\mathrm{d}x - N_{sx} \\
&= \int_{x'}^{B} [2k_1 k_2 x(h - k_1 x^2) + 0.02k_1 E_f a x \mathrm{e}^{-b(d + k_1 x^2)}]\mathrm{d}x - N_s \frac{2k_1 B}{\sqrt{1 + 4k_1^2 B^2}} \\
&= \left[k_1 k_2 h(B^2 - x'^2) - \frac{k_1^2 k_2 h}{2}(B^4 - x'^4) \right] + \frac{0.01 E_f a \mathrm{e}^{-bd}}{b}(\mathrm{e}^{-bk_1 B^2} - \mathrm{e}^{-bk_1 x'^2}) \\
&\quad - N_s \frac{2k_1 B}{\sqrt{1 + 4k_1^2 B^2}}
\end{aligned}
$$

$$(4.116)$$

由竖直方向（即沿 y 轴方向）的静力平衡条件为

$$N_y(x') + \int_{\varphi_3} (q_y - \tau_y)\mathrm{d}s - N_{sy} = N_y(x') + \int_{x'}^{B} (q_y - \tau_y)\sqrt{1 + 4k_1^2 x^2}\,\mathrm{d}x - N_{sy} = 0$$

$$(4.117)$$

式中：$N_y(x')$ 表示坐标为 x' 的截面轴力 $N(x')$ 在 y 轴方向上的投影。

把式 (4.97)、式 (4.101) 与式 (4.103) 分别代入式 (4.117) 可得

$$
\begin{aligned}
N_y(x') &= N_{sy} - \int_{x'}^{B} (q_y - \tau_y)\sqrt{1 + 4k_1^2 x^2}\,\mathrm{d}x \\
&= N_s \frac{1}{\sqrt{1 + 4k_1^2 B^2}} - \int_{x'}^{B} [0.01 E_f a \mathrm{e}^{-b(d + k_1 x^2)} - 4k_1^2 k_2 x^2(h - k_1 x^2)]\mathrm{d}x \\
&= N_s \frac{1}{\sqrt{1 + 4k_1^2 B^2}} - \frac{0.01 E_f a \mathrm{e}^{-bd}}{\sqrt{\pi b k_1}}[\mathrm{erf}(\sqrt{bk_1}\,B) - \mathrm{erf}(\sqrt{bk_1}\,x')] \\
&\quad + \frac{4k_1^2 k_2 h}{3}(B^3 - x'^3) - \frac{4k_1^2 k_2 h}{5}(B^5 - x'^5)
\end{aligned}
$$

$$(4.118)$$

计算出坐标为 x' 的截面轴力 $N(x')$ 分别在 x 轴与 y 轴上的投影后，$N(x')$ 可计

算为

$$N(x') = \sqrt{[N_x(x')]^2 + [N_y(x')]^2} \tag{4.119}$$

（2）截面弯矩的计算。仍取坐标为 x' 的截面及该截面以上弧段（即 $x \in \{x \mid \varphi_3 : B \geqslant x \geqslant x'\}$）为研究对象求解截面 x' 处的弯矩 $M(x')$。由弯矩平衡条件由下式成立（取逆时针方向为正方向）：

$$M(x') - N_{sx}(h - k_1 x'^2) - N_{sy}(B - x') + \int_{\varphi_3} [(q_y - \tau_y)(x - x')$$
$$+ (q_x + \tau_x)(k_1 x^2 - k_1 x'^2)] ds = 0 \tag{4.120}$$

把式（4.96）、式（4.97）、式（4.99）、式（4.100）、式（4.102）与式（4.103）代入式（4.120）可得

$$M(x') = \frac{2k_1 B}{\sqrt{1 + 4k_1^2 B^2}}(h - k_1 x'^2)N_s + \frac{1}{\sqrt{1 + 4k_1^2 B^2}}(B - x')N_s$$

$$- \int_{x'}^{B} [0.01E_f a e^{-b(d + k_1 x^2)} - 4k_1^2 k_2 x^2 (h - k_1 x^2)](x - x') dx$$

$$- \int_{x'}^{B} [0.02E_f a k_1 x e^{-b(d + k_1 x^2)} + 2k_1 k_2 x(h - k_1 x^2)](k_1 x^2 - k_1 x'^2) dx$$

$$= \frac{2k_1 B}{\sqrt{1 + 4k_1^2 B^2}}(h - k_1 x'^2)N_s + \frac{1}{\sqrt{1 + 4k_1^2 B^2}}(B - x')N_s$$

$$- \left[\frac{0.005E_f a e^{-bd}}{bk_1}(e^{-bk_1 B^2} - e^{-bk_1 x'^2})\right] + \frac{0.01E_f a x' e^{-bd}}{\sqrt{\pi bk_1}}[\mathrm{erf}(\sqrt{bk_1} B) - \mathrm{erf}(\sqrt{bk_1} x')]$$

$$+ k_1^2 k_2 h(B^4 - x'^4) - \frac{1}{3}k_1^2 k_2 h x'(B^3 - x'^3) - \frac{2}{3}k_1^3 k_2 (B^6 - x'^6) + \frac{4}{5}k_1^3 k_2 x'(B^5 - x'^5)$$

$$+ \frac{0.01E_f a e^{-bd}}{b^2}[(1 + bk_1 B^2)e^{-bk_1 B^2} - (1 + bk_1 x'^2)e^{-bk_1 x'^2}]$$

$$- \frac{0.01E_f a k_1 e^{-bd} x'^2}{b}(e^{-bk_1 B^2} - e^{-bk_1 x'^2})$$

$$- \frac{1}{2}k_1^2 k_2 h(B^4 - x'^4) + k_1^2 k_2 (B^2 - x'^2) + \frac{1}{3}k_1^3 k_2 (B^6 - x'^6) - \frac{1}{2}k_1^3 k_2 x'^2 (B^4 - x'^4) \tag{4.121}$$

由式（4.121）可知，当 $x' = B$ 时 $M(x') = 0$，即坡顶无弯矩作用，与实际相符。式中受特定地区特定气象、土质条件影响的经验系数 a、b 及冻土弹性模量 E_f 反映了渠道基土力学特性对截面弯矩的影响；参数 k_1、k_2 和 B 则反映了渠道断面形状对截面弯矩的影响。

4.5.4 考虑曲梁曲率影响的截面正应力计算与抗裂验算

因混凝土抗拉强度较低，衬砌常因局部弯矩过大导致截面拉应力达到抗拉极限而开裂，加之通常伴随衬砌板鼓胀与隆起，最终可能导致结构折断与失稳。因此须对衬砌板进行抗裂验算，为此应对衬砌板截面最大正应力进行计算。与直线形断面渠道不同，计算曲

线形断面渠道衬砌板的正应力时，曲率的影响不可忽略。如仍按直梁理论计算，将影响工程安全。

1. 截面正应力计算公式及抗裂验算公式

曲梁挠曲线微分方程可表示为（铁摩辛柯，1964）

$$\omega'' = -\frac{M}{er_0 A E_c} \qquad (4.122)$$

其中，偏心距 e 表示为

$$e = r_0 \frac{m_0}{m_0 + 1} \qquad (4.123)$$

无量纲数 m_0 应该满足如下方程：

$$\int_A \frac{y' dA}{r_0 - y'} = m_0 A \qquad (4.124)$$

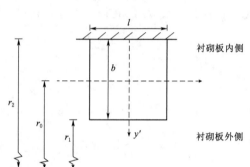

图 4.28 曲梁单宽截面应力计算

（图中 r_1 为渠道衬砌外侧断面曲线在该截面的曲率半径，m；r_2 为渠道衬砌内侧断面曲线在该截面的曲率半径，m；r_0 为形心轴在该截面的曲率半径，m）

以上三式中：y' 为截面上各点至 z' 轴（图 4.28）的距离，m；r_0 为形心轴的曲率半径，m；A 为截面面积，m^2；M 为截面弯矩，$kN \cdot m$；E_c 为混凝土的弹性模量，MPa；ω 为径向挠度，m。

渠道衬砌板上各截面的正应力分布可表示为

$$\sigma(x', y') = \frac{M(x')(y' - e)}{Ae[r_0(x') - y']} + \frac{N(x')}{A} \qquad (4.125)$$

式中：$N(x')$ 为渠道衬砌板上坐标为 x' 处的截面的轴力，MPa。

渠道衬砌抗裂验算必须保证衬砌板各截面最大拉应力不应大于材料允许应力，渠道衬砌各截面最大拉应力出现在衬砌结构外侧（图 4.28），其计算公式为

$$\sigma\left(x', \frac{b}{2}\right) = \frac{M(x')\left(\frac{b}{2} - e\right)}{Aer_1(x')} + \frac{N(x')}{A} \qquad (4.126)$$

式中：$\sigma(x', b/2)$ 为衬砌板上坐标为 x' 处截面的最大拉应力，kPa；b 为板厚，m。

由此可得衬砌板各截面的抗裂验算公式为

$$\frac{\sigma\left(x', \frac{b}{2}\right)}{E_c} = \frac{1}{E_c}\left[\frac{M(x')\left(\frac{b}{2} - e\right)}{ber_1(x')} - \frac{N(x')}{b}\right] \leqslant [\varepsilon] \qquad (4.127)$$

式中：$[\varepsilon]$ 为允许产生的拉应变。

2. 结构特征系数的计算

为能够应用式（4.126）对衬砌板各截面正应力分布进行计算，必须首先确定无量纲数 m_0 及中性轴的偏心距 e 等结构特征系数。

由式（4.124）可得无量纲数 m_0 的计算公式为

$$m_0 = \frac{1}{A}\int_A \frac{y'}{r_0-y'}\mathrm{d}A = \frac{r_0}{A}\int_A \frac{\mathrm{d}A}{r_0-y'} - 1 \tag{4.128}$$

把式（4.128）的计算结果代入式（4.123）可得中性轴偏心距 e 的计算公式为

$$e = r_0\frac{m_0}{m_0+1} = r_0 - \frac{A}{\displaystyle\int_A \frac{\mathrm{d}A}{r_0-y'}} \tag{4.129}$$

对如图 4.28 所示的单宽矩形截面，式（4.128）中：

$$\int_A \frac{\mathrm{d}A}{r_0-y'} = \ln\left(r_0+\frac{b}{2}\right) - \ln\left(r_0-\frac{b}{2}\right) = \ln\frac{r_2}{r_1} \tag{4.130}$$

把式（4.130）中的推导结果按泰勒公式展开，有如下级数：

$$\begin{aligned}
\ln\frac{r_2}{r_1} &= \ln\frac{r_0+\dfrac{b}{2}}{r_0-\dfrac{b}{2}} \\
&= \left[\frac{b}{2r_0} - \frac{1}{2}\left(\frac{b}{2r_0}\right)^2 + \frac{1}{3}\left(\frac{b}{2r_0}\right)^3 + \cdots\right] \\
&\quad - \left[\left(-\frac{b}{2r_0}\right) - \frac{1}{2}\left(-\frac{b}{2r_0}\right)^2 + \frac{1}{3}\left(-\frac{b}{2r_0}\right)^3 + \cdots\right] \\
&= \frac{b}{r_0} + \frac{2}{3}\left(\frac{b}{2r_0}\right)^3 + \cdots \tag{4.131}
\end{aligned}$$

略去式（4.131）中除前两项以外的高阶项并代入式（4.128）和式（4.129）中，即得相应的结构特征系数 m_0 和 e 的取值为

$$m_0 = \frac{r_0}{A}\int_A \frac{\mathrm{d}A}{r_0-y'} - 1 = \frac{r_0}{b}\ln\frac{r_2}{r_1} - 1 = \frac{b^2}{12r_0^2} \tag{4.132}$$

$$e = r_0\frac{m_0}{m_0+1} = \frac{\dfrac{b^2}{12r_0}}{\dfrac{b^2}{12r_0^2}+1} = \frac{\dfrac{1}{r_0}}{\left(\dfrac{1}{r_0}\right)^2+\dfrac{12}{b^2}} \tag{4.133}$$

由式（4.133）可以看出，当曲率 $1/r_0$ 趋于 0 时，即断面趋于直线形时，偏心距 e 趋于零，这也表明结果合理。

4.5.5 工程实例计算与结果分析

以河北石津灌区某抛物线形断面渠道为例。该地区属温带大陆性季风气候，越冬期干燥少雨、寒冷多风，平均最低气温为 $-9℃$，极端最低气温为 $-18℃$，冻土层最低温度为 $-9.3℃$。土壤质地为壤土，地下水埋深约 2.5m，渠道基土最大冻深约 80cm。断面曲线的方程为：$y=2x^2$，断面深度为 2m。采用 C20 混凝土衬砌，板厚为 0.1m。混凝土弹性模量 E_c 取 2.2×10^4 MPa，冻土弹性模量按冻土层达最低温度时取值为 2.01MPa，这是偏安全的。参考有关文献，经验系数 a 取 44.326，b 取 0.0108。现对其进行冻胀破坏力学分析。

1. 计算截面内力并确定危险截面位置

首先应计算约束反力，以下均以右侧坡板（即 $0 \leqslant x \leqslant 1$）为例。在冻胀力作用下约束反力主要包括冻土在渠坡顶端施加的法向冻结约束力 N_s 及分布在衬砌板底部的切向冻结约束力 $\tau(x)$，其中确定 $\tau(x)$ 的关键在于确定系数 k_2。由式（4.106）～式（4.108）、式（4.112）～式（4.114）可得：$c_1=0.19$，$c_2=-2.133$，$c_3=0.243$，$c_4=4.267$，$c_5=0.381$，$c_6=0.485$。把以上各值分别代入式（4.105）与式（4.111）中并联立求解可得：$N_s=611$kN，$k_2=0.02$，再代入式（4.98）可得切向冻结约束力 $\tau(x)$。最后由式（4.121）可得衬砌板截面弯矩沿断面分布规律 $M(x')$，如图4.29所示。

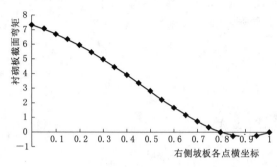

图4.29　衬砌板截面弯矩沿断面分布

由图4.29可知，衬砌板截面弯矩总体上表现为渠坡上部较小，渠坡中下部及渠底中部附近较大，在渠坡顶部为0，渠底中部达到最大值。可见衬砌板最易在渠坡中下部及渠底中部附近发生冻胀破坏，尤其在渠底中部最易产生裂缝，这与工程实际相符。截面弯矩沿断面的总体变化趋势表现为其量值自坡顶至渠底中心处先增大后减小然后再增大，符号自坡顶至渠底中心处由负转为正表明衬砌板挠度曲线逐渐由凹转凸。可见截面弯矩沿衬砌板的总体变化趋势与一端固接另一端简支的超静定悬臂梁类似。实际上，若不考虑结构整体上抬和微小刚性转动的影响，渠底中部以上的一侧坡板可近似地视为超静定悬臂曲梁。目前，直接针对抛物线形渠道的原型观测较少，借鉴 U 形断面渠道相关成果（李学军等，2008a，2008b），若除去结构整体上抬与刚性转动的影响，渠道阴坡实测冻胀变形观测线（即挠度曲线）所呈现的变化趋势与本书结果基本相符。

根据上述分析，可将渠底中部（即 $x'=0$ 处）视为危险截面进行抗裂验算，由图4.29可知该处截面弯矩为 $M(0)=7.126$kN·m。现对该处截面轴力进行计算，由于其竖直方向分量为0，故可直接由式（4.116）得截面轴力 $N(0)=-232$kN（压力）。

2. 考虑曲梁曲率影响计算危险截面最大正应力及抗裂验算

现基于曲梁理论计算渠底中部截面的最大正应力。结合式（4.132）、式（4.133）可计算出偏心距 e 和无量纲结构特征系数 m_0，再由式（4.125）可得渠底中部截面最大正应力为

$$\sigma\left(0, \frac{b}{2}\right)=\frac{M(0)\left(\frac{b}{2}-e\right)}{be\left[r_0(0)-\frac{b}{2}\right]}+\frac{N(0)}{b}=2.247(\text{MPa}) \tag{4.134}$$

同时根据直梁理论也可计算渠底中部截面最大正应力为

$$\sigma'_{\max}\left(0, \frac{b}{2}\right)=\frac{6M(0)}{b^2}+\frac{N(0)}{b}=1.956(\text{MPa}) \tag{4.135}$$

式中：σ'_{max}为由直梁理论计算的截面应力，MPa。

由此可见，对曲线形断面渠道而言，采用直梁理论计算的渠底中部截面最大正应力相对考虑曲率影响的计算值是偏小、偏不安全的，前者相对后的误差达 13.8%，因此针对曲线形断面或复合形断面曲线坡段的截面应力计算应考虑曲率影响，采用基于曲梁理论的应力分析方法进行计算。由 $\sigma(0,0.05)=2.247\text{MPa}>1.1\text{MPa}=[\sigma]$，其中 $[\sigma]$ 为混凝土允许截面拉应力，可知由于地下水位距离渠底较近（渠底中部地下水位仅 50cm），渠底中部附近存在冻胀破坏的可能，需采取适当的冻胀破坏防治措施。

4.5.6 小结

（1）建立了开放系统条件下曲线形断面整体式现浇混凝土衬砌渠道冻胀工程力学破坏模型。以典型断面即平方抛物线形断面渠道为例提出一种曲线形断面渠道衬砌结构所承受的法向冻胀力和切向冻结力分布的计算方法，并说明该方法对一般的曲线形断面渠道具有通用性。进而在此基础上导出了曲线形断面渠道衬砌各截面内力的计算公式。

（2）考虑曲线形断面渠道断面曲线曲率对截面应力分布的影响，从曲梁挠曲线微分方程出发提出一种基于曲梁理论的衬砌板截面应力分析方法。由于曲梁曲率影响，渠道衬砌结构单宽截面中性轴相对形心轴发生偏离。针对单宽矩形截面推了导偏心距 e 和无量纲结构特征系数 m_0 的计算公式，并应用泰勒公式进行了简化。

（3）结合工程实例分别基于直梁理论和曲梁理论对渠底中部截面的应力分布和最大正应力进行计算，对计算结果的对比分析表明：对曲线形断面渠道而言，采用直梁理论计算的截面最大正应力相对曲梁理论的计算结果偏小、偏不安全，直梁理论对曲梁理论计算结果的相对误差为 13.8%。因此，曲线形断面或复合形断面曲线坡段的截面应力计算应考虑曲率影响。

第5章 渠道冻胀弹性地基模型

5.1 弹性地基梁的基本理论与方法

前文所提到的线性分布冻胀力渠道冻胀结构力学模型仅能反映渠道冻胀过程的静力平衡关系，未能很好地反映渠道衬砌板与冻土之间的变形协调，而弹性地基梁理论则能够弥补其缺点，并应用到各种工程的力学分析中。

在工程结构中，通常在结构底部设置基础梁或基础板。通过扩大与地基间的接触面积，使上部结构荷载可通过基础梁、板分散地传递给地基，从而减少地基所受压力强度。如果进一步假定地基是弹性的，则此类基础梁就称为弹性地基梁。弹性地基梁上各点在外荷载作用下发生位移并引起地基沉陷变形，此时地基土在施加约束反力限制地基梁位移的同时始终与地基梁保持变形协调。简言之，地基梁与地基连续接触、协调变形，且通常承受连续分布的地基约束反力，是有无穷个未知反力的无穷次超静定结构。

在弹性地基梁的分析计算中，关键问题是如何合理确定地基约束反力与地基沉降之间的函数关系，即如何选取地基模型的问题。国内外有关这个问题的研究很多，提出了不少理论和假设，但工程实践中达到实用要求的模型主要有三种：反力直线分布假设、Winkler局部弹性地基假设和半无限弹性体假设。限于篇幅，且本书内容主要涉及 Winkler 弹性地基模型，故在此主要对 Winkler 弹性地基假设及相关理论和方法进行介绍。

5.1.1 Winkler 弹性地基假设及地基梁挠曲线微分方程

19 世纪中期，Winkler 提出如下假设：地基表面任一点的沉降量 y 与该点在单位面积上受到的压力 σ（即地基-基础接触面法向应力）成正比。即地基梁所受地基反力有局部性，表现为当地基表面某处单位面积上受到压力 σ 时，只在该处局部产生沉陷变形 y，相邻各点无变形，也表明地基梁某点处受力变形情况仅与该点处土体物理力学特性有关，与相邻各点无关。就冻土地基而言，该假设相当于把冻土地基视为一系列相互独立起作用的弹簧，某点处冻胀受力特性仅与该点处局部土体冻胀特征有关，而与相邻点无关，同时表现出线弹性和局部性。

Winkler 弹性地基假设的内涵可由下式表述：

$$\sigma = k_0 y \tag{5.1}$$

式中：σ 为地基-基础接触面应力；y 为地基沉陷量；k_0 为地基系数。其物理意义为：地基产生单位沉陷时接触界面应力的大小。在地基梁的计算中，通常引入 p 来表示沿地基梁纵向单位长度内的地基压力，即地基压力的线集度。p 与 σ 之间有如下关系成立：

$$p = \sigma b \tag{5.2}$$

式中：b 为梁宽。渠道沿输水方向的尺寸远大于横断面尺寸，故一般取单宽截面即 $b=1$。

从而 Winkler 假设又可由下式表述：

$$p = ky \tag{5.3}$$

式中：$k = k_0 b$。

以下建立基于 Winkler 弹性地基模型的地基梁挠曲线微分方程的一般形式。

由材料力学理论可知，梁各截面弯矩 $M(x)$ 与位移 y 的二阶导数之间有下列关系成立（各截面挠度以朝下为正方向）：

$$EI \frac{\mathrm{d}^2 y}{\mathrm{d}x^2} = -M(x) \tag{5.4}$$

连续求导两次后可得

$$EI \frac{\mathrm{d}^4 y}{\mathrm{d}x^4} = -p(x) + q(x) \tag{5.5}$$

由式（5.3）可得 $p(x) = ky$，代入式（5.5）可得

$$EI \frac{\mathrm{d}^4 y}{\mathrm{d}x^4} + k\omega(x) = q(x) \tag{5.6}$$

以上各式中：$M(x)$ 为各截面弯矩；y 为各点挠度；EI 为梁截面的抗弯刚度。式（5.6）为 Winkler 假设弹性地基梁模型的基本微分方程，求解可得地基梁挠曲线函数 y。该式改写为标准形式为

$$\frac{\mathrm{d}^4 y}{\mathrm{d}x^4} + 4\lambda^4 y = \frac{q(x)}{EI} \tag{5.7}$$

其中特征参数为

$$\lambda = \sqrt[4]{\frac{k}{4EI}} \tag{5.8}$$

由微分方程理论，式（5.7）的通解应由两部分相加组成：一部分为该方程对应齐次方程的解，即齐次解；另一部分为该方程的一个特解。令 $q(x) = 0$，则得出对应的齐次方程为

$$\frac{\mathrm{d}^4 y}{\mathrm{d}x^4} + 4\lambda^4 y = 0 \tag{5.9}$$

从而可得式（5.7）所对应的齐次方程式（5.9）的通解为

$$y = \mathrm{e}^{\lambda x}(a_1 \cos\lambda x + a_2 \sin\lambda x) + \mathrm{e}^{-\lambda x}(a_3 \cos\lambda x + a_4 \sin\lambda x) \tag{5.10}$$

式中：a_1、a_2、a_3、a_4 为任意积分常数，可通过边界条件解出。

若要求得式（5.7）的通解，除得到如式（5.10）所示的齐次解外，还需另构造一个特解 $y = y_1(x)$。因此，方程（5.7）的通解可表示为

$$y = \mathrm{e}^{\lambda x}(a_1 \cos\lambda x + a_2 \sin\lambda x) + \mathrm{e}^{-\lambda x}(a_3 \cos\lambda x + a_4 \sin\lambda x) + y_1(x) \tag{5.11}$$

5.1.2 弹性地基模型在冻土工程中应用的现状

弹性地基梁理论是工程界的重要研究课题，相关研究已有百余年历史。其主要目的在于确定弹性地基上的梁在不同荷载作用下的应力、应变、内力与变形，进而对构件强度、

刚度及稳定性等进行校核。土体与建筑物之间的相互作用普遍存在于基础工程、建筑工程、交通土建工程、地下工程、水利工程等各类土木工程中。如渠基土与衬砌之间、建筑地基与基础之间、墙后填土与挡土墙之间以及地埋管道与管周土体之间等。在试验研究基础上，弹性地基梁模型是从理论上科学、定量地描述土体-结构间相互作用的有效方法。已在常温土体地基沉降问题中得到广泛研究与应用。近年来，其在冻土工程中的应用也开始受到关注。

　　Selvadural 等（1993）基于弹性地基模型分析地埋管道冻胀破坏诱发机制。Rajani等（1994）结合 Winkler 地基梁模型研究了差异冻胀（即不均匀冻胀）条件下地埋管道对周围冻土冻胀的时程响应，视管道为埋置于蠕变地基中的半无限长梁并计算其挠度与应力，结果与实际相符。日本学者樱井等基于弹性地基理论指出管-土相互作用与两者刚度等因素有关，把上覆土压力简化为作用在管道上的静荷载而将管道视为埋置于地基上与其紧密相贴的梁，同时将下卧土体视为半无限空间弹性体，分析管道受力变形特性。Razaqpur 等（1996）用有限元法对冻胀条件下管道的受力变形特性进行了分析，通过时变的热力学方法建立考虑管-土相互作用的一维冻胀弹性地基梁模型，通过多层半无限空间弹性理论解决了冻土随时间变化的蠕变位移问题，选取冻土平均弹性模量换算冻土刚度，分析了土体冻胀引起的管道应力及变形，分析结果与实际基本相符。李方政（2009）应用"二阶段法"，根据随机介质理论将土体内部冷源引起的地表冻胀变形视为内部开挖引起地表沉陷的逆过程，把多管冻结引起的地表冻胀变形视为正态分布的叠加，将非均布冻胀力简化为多段均布荷载，建立了人工冻结地层与地铁站底板、隧道支撑管片等上部既有建筑物间相互作用的弹性地基梁模型。

　　由此可见，改进以往通常应用于地基沉降问题的传统弹性地基梁模型，使其能适用于地基冻胀问题，目前已有探索。但已有研究未形成全面、系统的理论框架，且目前仍多从地基沉降角度考虑，把冻胀力仅仅视为地基约束反力，只是把相关参数由常温土更换为冻土，并未真正从地基冻胀角度考虑。目前，涉及衬砌渠道的相关研究尚未完全展开。接下来仅对本书及李宗利等从两个不同角度建立的衬砌渠道冻胀破坏弹性地基梁模型进行介绍。

5.2　渠道冻胀弹性地基模型——沉降模型

　　该模型基于 Winkler 假设将渠基冻土视为既相互独立又垂直或平行于渠道衬砌板的弹簧支承。渠基冻土的变形通过弹簧的变形来体现，以其自由冻胀形态为弹簧原长，同时冻胀力则通过弹簧受到"压缩"而产生的"约束反力"体现，即将冻胀力视为本应自由冻胀的渠基冻土因受到衬砌板约束作用而无法到达原长时引起的地基反力。该模型实际上是通过在完全自由冻胀的渠基冻土上，由于衬砌板端部受到约束力作用导致基土无法同步冻胀变形而迫使基土产生的"沉降"变形来间接计算衬砌板的冻胀变形。因此，该模型仍然属于"沉降模型"。

　　图 5.1 为弹性冻土地基沉降模型断面。

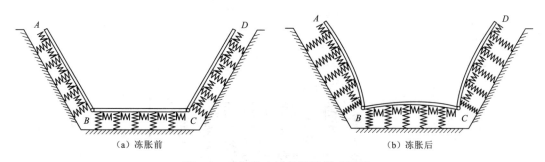

(a) 冻胀前	(b) 冻胀后

图 5.1 弹性冻土地基沉降模型断面

5.2.1 基本假设及简化

在前已述及的基础上，现补充如下假设：

（1）将渠道边坡衬砌板和渠底衬砌板之间的连接方式视为铰接。

（2）认为渠道基土与衬砌始终冻结在一起从而紧密相贴，协调变形，不会发生相互脱离。

（3）将法向冻胀力与法向冻结力都视为渠道基土冻胀时与衬砌相互作用的约束反力 $p(x)$。当 $p(x)$ 为压力时是法向冻胀力，为拉力时则可将其视为法向冻结力。

（4）衬砌板底部所受切向冻结力 $\tau(x)$ 为当冻土和衬砌板之间存在相对切向位移时，两者间接触面产生的冻结-摩擦阻力，认为其与常温土的黏聚力和内摩擦角概念相似，其大小与冻土土质、温度、含水量及接触面粗糙度等因素有关。该模型由法向冻胀力来综合体现渠基冻土物理力学特性，从而认为切向冻结力 $\tau(x)$ 与法向冻胀力 $p(x)$ 成正比，即

$$\tau(x)=\alpha p(x) \tag{5.12}$$

式中：α 为比例系数。

（5）渠坡与渠底冻土都发生均匀冻胀，暂不考虑不均匀冻胀的情形。鉴于衬砌为薄板结构，自重相对较轻，同时渠道建成后、冻胀发生前衬砌结构自重与基土间已相互平衡，故仅考虑冻胀发生以后渠基冻土对衬砌附加的冻胀力作用，力学分析中不出现衬砌板重力影响。

（6）相对纵向长度而言，衬砌板厚度很小，故忽略切向冻结力对衬砌各截面形心的力矩。

5.2.2 控制微分方程

基于 Winkler 弹性地基模型基本理论，结合图 5.2，该模型控制微分方程为

$$EI\frac{\mathrm{d}^4 y}{\mathrm{d}x^4}+ky=r(x) \tag{5.13}$$

式中：y 为渠道基土冻胀时被约束的冻胀量，m；E 为衬砌板的弹性模量，Pa；$r(x)$ 为外荷载，N；k 为冻胀力系数，N/m³；I 为衬砌板单宽截面的惯性矩，m⁴；d 为衬砌板的厚度，m。

渠基冻土基床系数 k_0 通常为

$$k_0 = 0.65(1+\nu)E_f \tag{5.14}$$

式中：ν 为泊松比。

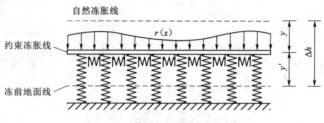

图 5.2 弹性地基梁受力变形

基床系数指使地基某处产生单位沉降位移时需施加的外力，也可视为此时地基对梁施加的地基反力。冻胀力系数则指当地基某处产生冻胀变形后由于受到约束而无法达到自由冻胀位置时，单位位移被约束而引起的约束反力即冻胀力的大小。可见两者在产生机理上有一定的相似性。鉴于此，本模型依据基床系数研究成果，引入折减系数 β 对式（5.14）作如下修正。

$$k = \beta k_0 \tag{5.15}$$

式中：β 为折减系数，$\beta \leqslant 1.0$，此处取 $\beta = 0.4$。令

$$\lambda = \sqrt[4]{\frac{k}{4EI}} \tag{5.16}$$

则式（5.13）可改写为

$$\frac{d^4 y}{dx^4} + 4\lambda^4 y = \frac{r(x)}{EI} \tag{5.17}$$

该式是一个四阶常系数非齐次线性微分方程。

当外荷载 $r(x)$ 为不超过三次的多项式时，其通解为

$$y(x) = e^{\lambda x}(c_1\cos\lambda x + c_2\sin\lambda x) + e^{-\lambda x}(c_3\cos\lambda x + C_4\sin\lambda x) + \frac{r(x)}{k} \tag{5.18}$$

式中：c_1、c_2、c_3、c_4 为积分常数，可由边界条件确定。

基于 Winkler 假设及式（5.18）可计算地基约束反力及冻胀力 $p(x)$ 为

$$p(x) = ky(x) \tag{5.19}$$

由挠曲线 $y(x)$ 可分别计算衬砌各截面弯矩 $M(x)$ 及剪力 $V(x)$。

弹性地基梁理论中，通常根据集中力或集中力偶作用点至梁末端的距离把基础梁区分为四类：短梁、有限长梁、半无限长梁及无限长梁。取特征长度 L' 为

$$L' = \frac{1}{\lambda} = \sqrt[4]{\frac{4EI}{k}} \tag{5.20}$$

当荷载作用点至梁末端距离大于 $3L'$ 时为无限长梁；当荷载作用点至一端距离小于 $3L'$，同时至另一端距离大于 $3L'$ 时为半无限长梁；当荷载作用点至两端距离均小于 $3L'$ 时为有限长梁；当梁尺寸很小而刚性很大从而可将其本身视为刚体时则称为短梁。

渠道基土基床系数 k 通常取 $1.0 \times 10^4 \sim 10.0 \times 10^4 \mathrm{kN/m^3}$；渠道衬砌混凝土强度等级一般采用 C15 或 C20，则弹性模量分别取 $2.20 \times 10^4 \mathrm{kN/mm^2}$ 和 $2.55 \times 10^4 \mathrm{N/mm^2}$；衬砌

板厚度通常为 $0.05\sim0.20\mathrm{m}$。综上可得对通常情况下的渠道衬砌板而言，$3L'$ 的一般取值范围为

$$0.93\mathrm{m}\leqslant 3L'\leqslant 4.84\mathrm{m} \tag{5.21}$$

式（5.21）涵盖大多数渠道的衬砌板长度，因此本模型仅针对有限长梁进行详细讨论。

5.2.3 渠道坡板力学模型

渠道坡板冻胀变形时在坡脚处将受到渠道底板的约束作用，故坡板底端将受到来自底板的一对约束力，如图 5.3 所示。由图 5.3（b）可见，衬砌板在垂直坡面方向上可视为端部受集中力荷载的有限长地基梁。由 Winkler 弹性地基理论的各点挠度（即被约束位移）$y_{si}(x,F_{si})$、地基反力（即冻胀力）$p_{si}(x,F_{si})$ 及各截面弯矩 $M_{si}(x,F_{si})$、剪力 $V_{si}(x,F_{si})$ 的计算公式为

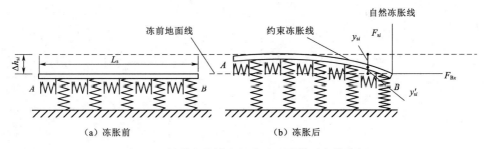

（a）冻胀前　　　　　　　　　　（b）冻胀后

图 5.3　渠道边坡衬砌板冻土地基模型力学分析

$$y_{si}(x,F_{si})=2\frac{F_{si}\lambda}{k}\mathrm{e}^{-\lambda(2L_s+x)}\{-\mathrm{e}^{2\lambda x}\cos[\lambda(2L_s-x)]+\mathrm{e}^{2L_s\lambda}\cos(\lambda x)\} \tag{5.22}$$

$$M_{si}(x,F_{si})=\frac{F_{si}}{\lambda}\mathrm{e}^{-\lambda(2L_s+x)}\{\mathrm{e}^{2\lambda x}\sin[\lambda(2L_s-x)]-\mathrm{e}^{2L_s\lambda}\sin(\lambda x)\} \tag{5.23}$$

$$V_{si}(x,F_{si})=F_{si}\mathrm{e}^{-\lambda(2L_s+x)}\{\mathrm{e}^{2\lambda x}\cos[\lambda(2L_s-x)]-\mathrm{e}^{2L_s\lambda}\cos(\lambda x)$$
$$-\mathrm{e}^{2\lambda x}\sin[\lambda(2L_s-x)]+\mathrm{e}^{2L_s\lambda}\sin(\lambda x)\} \tag{5.24}$$

$$p_{si}(x,F_{si})=ky_{si}(x,F_{si})=2F_{si}\lambda\mathrm{e}^{-\lambda(2L_s+x)}\{-\mathrm{e}^{2\lambda x}\cos[\lambda(2L_s-x)]+\mathrm{e}^{2L_s\lambda}\cos(\lambda x)\}$$
$$\tag{5.25}$$

如图 5.3（b）所示，基于"沉降"位移即被约束位移 $y(x)$ 可间接推算实际冻胀位移 $y'(x)$，即自由冻胀位移减去被约束冻胀位移 $y_{si}(x,F_{si})$ 应为实际冻胀位移为

$$y_{si}'(x,F_{si})=\Delta h_{si}-y_{si}(x,F_{si})=\Delta h_{si}-2\frac{F_{si}\lambda}{k}\mathrm{e}^{-\lambda(2L_s+x)}\{-\mathrm{e}^{2\lambda x}\cos[\lambda(2L_s-x)]$$
$$+\mathrm{e}^{2L_s\lambda}\cos(\lambda x)\} \tag{5.26}$$

5.2.4 渠道底板力学模型

类似地，渠道底板冻胀变形在两端同时受到坡板的约束作用，故其两端各受到一对约束力，如图 5.4 所示。由图可见，衬砌板在垂直坡面方向上可视为两端均受集中力荷载

的有限长地基梁。由 Winkler 弹性地基理论可得各点挠度（即被约束位移）$y_b(x,F_b)$、地基反力（即冻胀力）$p_b(x,F_b)$ 及各截面弯矩 $M_b(x,F_b)$、剪力 $V_b(x,F_b)$ 的计算公式分别如下。

$$
\begin{aligned}
y_b(x,F_b) &= y_{si}(x,F_b) + y_{si}(L_b-x,F_b) \\
&= 2\frac{\lambda F_b}{k} e^{-2\lambda L_b} \{ e^{\lambda(L_b+x)} \cos[\lambda(L_b-x)] - e^{\lambda x} \cos[\lambda(2L_b-x)] \\
&\quad + e^{\lambda(L_b-x)} \{ e^{\lambda L_b} \cos(\lambda x) - \cos[\lambda(L_b+x)] \} \}
\end{aligned}
\tag{5.27}
$$

$$
\begin{aligned}
M_b(x,F_b) &= M_{si}(x,F_b) + M_{si}(L_b-x,F_b) \\
&= \frac{F_b}{\lambda} e^{-2\lambda L_b} \{ -e^{\lambda(L_b+x)} \sin[\lambda(L_b-x)] + e^{\lambda x} \sin[\lambda(2L_b-x)] \\
&\quad + e^{\lambda(L_b-x)} \{ -e^{\lambda L_b} \sin(\lambda x) + \sin[\lambda(L_b+x)] \} \}
\end{aligned}
\tag{5.28}
$$

$$
\begin{aligned}
V_b(x,F_b) &= -V_{si}(x,F_b) + V_{si}(L_b-x,F_b) \\
&= -F_b e^{-\lambda(2L_b+x)} \{ e^{\lambda(L_b+2x)} \cos[\lambda(L_b-x)] + e^{2\lambda x} \cos[\lambda(2L_b-x)] \\
&\quad - e^{2\lambda L_b} \cos(\lambda x) - e^{\lambda L_b} \cos[\lambda(L_b+x)] - e^{\lambda(L_b+2x)} \sin[\lambda(L_b-x)] \\
&\quad - e^{2\lambda x} \sin[\lambda(2L_b-x)] + e^{2\lambda L_b} \sin(\lambda x) + e^{\lambda L_b} \sin[\lambda(L_b+x)] \}
\end{aligned}
\tag{5.29}
$$

$$
\begin{aligned}
p_b(x,F_b) &= k y_b(x,F_b) \\
&= 2\lambda F_b e^{-2\lambda L_b} \{ e^{\lambda(L_b+x)} \cos[\lambda(L_b-x)] - e^{\lambda x} \cos[\lambda(2L_b-x)] \\
&\quad + e^{\lambda(L_b-x)} \{ e^{\lambda L_b} \cos(\lambda x) - ocs[\lambda(L_b+x)] \} \}
\end{aligned}
\tag{5.30}
$$

由式（5.26），渠道底板实际冻胀位移为

$$
\begin{aligned}
y_b'(x,F_b) &= \Delta h_b - y_b(x,F_b) = \Delta h_b - 2\frac{\lambda F_b}{k} e^{-2\lambda L_b} \{ e^{\lambda(L_b+x)} \cos[\lambda(L_b-x)] \\
&\quad - e^{\lambda x} \cos[\lambda(2L_b-x)] + e^{\lambda(L_b-x)} \{ e^{\lambda L_b} \cos(\lambda x) - \cos[\lambda(L_b+x)] \} \}
\end{aligned}
\tag{5.31}
$$

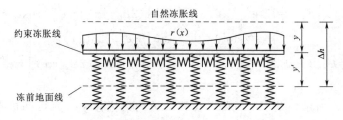

图 5.4　渠底衬砌板冻土地基模型力学分析

5.2.5　梯形渠道混凝土衬砌结构冻胀工程力学平衡

如图 5.5 所示，渠道坡板在约束反力 F_{si} 与 F_{Bx}、冻胀力 $p_{si}(x)$ 及切向冻结力 $\tau_{si}(x)$ 的共同作用下保持平衡。渠道底板则在约束反力 F_b、F_{Bx}'、F_{Cx}' 及切向冻结力 $\tau_b(x)$ 共同作用下保持平衡。

以左侧坡脚处 B 点为隔离体，F_{si}、F_{Bx} 与 F_b、F_{Bx}' 是该处的一对作用力与反作用力，

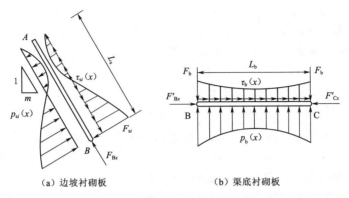

（a）边坡衬砌板　　　　　（b）渠底衬砌板

图 5.5　渠道衬砌板静力平衡

则由垂直方向静力平衡条件有

$$F_b = F_{Bx} \frac{1}{\sqrt{1+m^2}} F_{si} \frac{m}{\sqrt{1+m^2}} \qquad (5.32)$$

由水平方向静力平衡条件有

$$F'_{Bx} = F_{Bx} \frac{m}{\sqrt{1+m^2}} F_{si} \frac{m}{\sqrt{1+m^2}} \qquad (5.33)$$

以渠道边坡衬砌板为隔离体，由平行坡板方向的静力平衡条件有

$$F_{Bx} = \int_0^{L_s} \tau_{si}(x) \mathrm{d}x \qquad (5.34)$$

以渠道底部衬砌板为隔离体，由平行底板方向的静力平衡条件有

$$F'_{Bx} - F'_{Cx} = \int_0^{L_b} \tau_b(x) \mathrm{d}x \qquad (5.35)$$

可得混凝土衬砌板轴力计算公式如下。

边坡衬砌板：

$$N_{si}(x) = F_{Bx} - \int_0^x \tau_{si}(x) \mathrm{d}x \qquad (5.36)$$

式中：N_{si} 为边坡衬砌板轴力，N。

渠底衬砌板：

$$N_b(x) = F_{Bx} + \int_0^x \tau_b(x) \mathrm{d}x \qquad (5.37)$$

式中：$N_b(x)$ 为渠底衬砌板轴力，N。

5.2.6　计算流程

综上所述，模型总体计算流程如下：

（1）根据现场实测或《渠系工程抗冻胀设计规范》（SL 23—2006）确定渠道阴坡、阳坡及渠底冻土自由冻胀量 Δh。对于 1 级、2 级、3 级渠道宜通过现场实测，按照工程建成后的温度、水分及运行条件进行修正后确定。野外冻胀量的观测方法按《土工试验规程》（SL 237—1999）规定执行。对 4 级、5 级渠道或无现场试验条件的，可根据《渠系工程抗冻胀设计规范》（SL 23—2006）来确定。

（2）将各个部位的冻胀量 Δh 代入式（5.26）和式（5.31），以 $x=0$ 处挠度为 0 为边界条件以及 Winkler 假定获得各衬砌板端部法向约束反力 F_{s1}，F_b 和 F_{s2}。

（3）将垂直约束反力 F_{s1}，F_b 和 F_{s2} 分别代入式（5.22）～式（5.25）和式（5.27）～式（5.30），分别获得边坡和渠底衬砌板的冻胀后的挠度、冻胀反力、弯矩和剪力。

（4）将 F_{s1}，F_b 和 F_{s2} 代入式（5.32）和式（5.33）计算出 F_{Bx}、F'_{Bx}、F_{Cx} 和 F'_{Cx}。

（5）将 F_{Bx}、F'_{Bx}、F_{Cx} 和 F'_{Cx} 代入式（5.24）和式（5.25），并结合式（5.12），计算出边坡和渠底衬砌板切向冻结力（确定系数 α）。

（6）将计算出的切向冻结力代入式（5.36）和式（5.37）分别求出渠坡和渠底衬砌板轴力。

（7）根据王正中（2004）关于渠道混凝土衬砌板破坏断裂计算方法，判断渠道冻胀时衬砌板是否发生破坏。

5.3　渠道冻胀弹性地基模型——冻胀模型

对冻土与衬砌结构之间相互作用的正确理解是构建科学、合理的渠道冻胀模型的关键。主要表现为两个互相耦合的过程：冻土冻胀变形由于受到邻近衬砌结构的约束将对结构施加一定的冻胀力荷载；而随之产生的结构冻胀变形将导致其对冻土冻胀变形的约束程度降低，表现为冻胀力荷载的释放与衰减。改进的弹性地基梁模型可较好地描述两者间的相互作用。

弹性地基梁模型的本质是在一般的梁挠曲线微分方程中引入由于地基变形导致的附加荷载项，使其能够应用于地基梁变形计算。就 Winkler 地基模型而言，常温土地基沉降问题一般引入与地基沉降变形成比例的附加荷载项来反映地基沉降变形所导致的地基反力。类似地，仿照地基沉降问题的解决办法，可以引入与地基冻胀变形成比例的附加荷载项构造能够反映冻胀力释放与衰减的控制微分方程，相应模型可认为是从冻胀角度建立的"冻胀模型"。

5.3.1　荷载分析——渠道衬砌冻胀力分布计算

前已述及，冻土与结构间的相互作用包含两个相互耦合的过程。这两个过程相互影响且最终将达到平衡，此时衬砌板的挠度曲线为渠道衬砌板冻胀变形的实际挠度曲线，由此可得渠道衬砌冻胀位移的分布规律。该模型通过建立并求解梁的挠曲线微分方程来寻求冻土地基梁的真实挠度曲线，而在此之前需先对衬砌板所承受的荷载即冻胀力的分布规律进行计算。

1. 基本约定和假设

由于地下水埋藏较浅导致基土冻结过程中存在明显水分迁移和补给（暂不考虑侧向水分补给的情形）的衬砌渠道称为开放系统下的衬砌渠道。由于冻土物理力学性质和水分迁移、相变的复杂性，衬砌结构实际受力情况很难精确计算，且考虑影响因素太多将难以求解。该模型主要针对开放系统下的衬砌渠道进行分析，即对特定气象、土质条件下的特定地区而言，地下水的迁移和补给视为引起衬砌各点冻胀强度差异的主导因素。从这一角度而言，该模型具有一定的普适性，因其可方便地应用于各类基土发生不均匀冻胀的情形。

结合已有研究和工程实践经验，补充如下基本约定和假设：

（1）衬砌渠道纵向尺寸远大于横向尺寸，衬砌冻胀破坏力学分析简化为平面应变问题。

（2）由于冬季漫长，渠道基土冻结速率缓慢，衬砌冻胀破坏过程视为准静态过程。冻胀破坏过程中冻土和衬砌始终处于变形协调的平衡状态，当结构破坏时则处于极限平衡状态。

（3）渠道衬砌结构的形变均在线弹性范围内，略去微小塑性变形，可应用迭加原理。

（4）把渠基冻土视为服从 Winkler 假设的弹性冻土地基，从而衬砌各点冻胀力大小仅由各点对应处局部冻土力学特性和冻胀强度决定。又由于冻土冻胀的正交各向异性，冻土冻胀变形主要发生在沿热流方向，即垂直于板方向。基于此，可将渠基冻土视为预压缩的 Winkler 弹簧（图 5.6），其反映了冻土与结构间的相互作用。目前已有研究通过引入弹性薄层单元、离散弹簧单元或预压缩体应变等进行冻土冻胀数值模拟与力学分析，结果与实测符合较好。

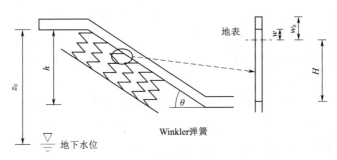

图 5.6　梯形混凝土衬砌渠道断面

（w_0 为渠道基土在该点的自由冻胀量，m；w 为有衬砌约束时该点的实际冻胀量，m；
H 为冻深，m；θ 为坡板倾角，(°)；h 为渠道断面深度，m；z_0 为渠顶地下水埋深，m）

（5）冻胀力计算仅考虑冻结深度范围内冻土变形，不考虑冻结深度以外未冻土固结变形。

2. 渠基冻土的自由冻胀量计算

对特定地区开放系统条件下的渠道而言，当气象、土质等其他影响因素相似，加之地下水埋深较浅时，地下水补给强度成为决定断面各点冻胀强度的主要因素。我国北部如新疆、甘肃、内蒙古等大部分省（自治区）的水利、道路部门都设置大型现场冻胀试验场，实地观测地下水埋深对各类土质基土冻胀强度的影响。

大量文献和试验研究表明，冻土冻胀强度与地下水埋深间呈如下的负指数关系：

$$\eta_0 = a\,e^{-bz} \tag{5.38}$$

式中：η_0 为冻土的自由冻胀强度，即当不受外荷载约束时的天然状态下的冻土冻胀强度；

z 为计算点至地下水位的距离，cm。a、b 为与当地气象、土质条件有关的经验系数，可通过试验数据用最小二乘法拟合。

由于梯形渠道断面各点至地下水位的距离不同，依式（5.38）可得衬砌渠道断面各点对应处渠基冻土的自由冻胀量 $\omega_0(x)$ 的分布规律为

$$\omega_0(x)=\eta_0(x)H=0.01aHe^{-bz(x)} \tag{5.39}$$

式中：$\omega_0(x)$ 为衬砌渠道断面各点对应处的渠道基土自由冻胀量，cm；$\eta_0(x)$ 为断面各点对应处渠道基土的自由冻胀强度；$z(x)$ 为断面各点至地下水位的距离，cm；H 为渠基冻土的冻结深度，cm；x 为衬砌渠道断面各点的坐标，cm。

由式（5.39）可知，对于开放系统条件下的渠道基土冻胀而言，距离地下水位越近处渠基冻土的冻胀强度越大且其分布规律越不均匀；而距离地下水位越远处渠基冻土的冻胀强度则较小且趋于均匀分布。渠基冻土的冻胀强度随其与地下水位的距离不同所表现出的分布规律与在寒区工程实践中观测到的基本变化趋势相符。

3. 考虑冻土与衬砌相互作用的冻胀力计算

为了反映渠基冻土与结构之间的相互作用，设想渠基冻土的自由冻胀被完全约束即衬砌处于尚未变形的初始状态时，Winkler 弹簧处于受约束的预压缩状态，把此时渠道衬砌所受冻胀力荷载视为初始外荷载。随后，由于衬砌发生冻胀变形使其对渠基冻土的约束程度减小，引起冻胀力荷载的释放和削减，可以认为产生了一个与衬砌结构冻胀位移成比例的附加荷载使冻胀力减小。最后，渠基冻土与衬砌结构间的相互作用趋于平衡，此时的冻胀力荷载分布即为实际的冻胀力荷载分布。

当渠道断面某点对应处渠基冻土自由冻胀量被完全约束，即被约束的冻土冻胀量为 ω_0 时，被压缩前该点对应处的土柱微元体（图 5.6，为使图形更加直观在图中将其竖直放置）总长为 ω_0+H。由基本假设，衬砌结构各点所承受的初始法向冻胀力荷载分布可由下式计算：

$$p(x)=E_f\frac{\omega_0(x)}{H+\omega_0(x)} \tag{5.40}$$

式中：$p(x)$ 为自由冻胀被完全约束时衬砌所受冻胀力荷载，即初始冻胀荷载，MPa；E_f 为冻土弹性模量，MPa。当被约束的冻土冻胀量 ω_0 相对于冻深 H 较小时，日本冻土物理学家木下诚一提出冻胀力与冻土冻胀强度的线性关系，由此可把式（5.40）简化为

$$p(x)=E_f\frac{\omega_0(x)}{H}=0.01E_fae^{-bz(x)} \tag{5.41}$$

当冻深 H 为 1m，自由冻胀量 ω_0 为 2cm 时，采用式（5.41）所计算的相对误差仅为 2%。在寒区工程实践中，由于结构的冻胀变形，渠基冻土的自由冻胀量往往不会被完全约束，衬砌各点对应处渠基冻土实际被约束的冻胀量应为 $\omega_0(x)-\omega(x)$。与式（5.41）类似，衬砌各点所受实际法向冻胀力荷载分布为

$$q(x)=E_f\frac{\omega_0(x)-\omega(x)}{H}=p(x)-E_f\frac{\omega(x)}{H} \tag{5.42}$$

式中：$q(x)$ 为衬砌各点实际承受的法向冻胀力荷载分布，MPa；$\omega(x)$ 为衬砌各点实际的法向冻胀位移（即挠度），cm。

式（5.42）中等号右侧第一项 $p(x)$ 为渠基冻土自由冻胀量被完全约束时冻土对衬砌施加的冻胀力荷载，即初始外荷载；等号右侧第二项 $E_f \dfrac{\omega(x)}{H}$ 为反映衬砌冻胀变形引起冻胀力荷载释放和削减的附加荷载，体现了渠道衬砌对渠基冻土冻胀作用的反作用，该荷载与渠道断面各点实际的冻胀位移成比例，其中比例系数 $k = E_f / H$ 可类比地基沉降情形将其视为地基系数（即冻胀力衰减系数）。由此可见，式（5.42）反映了渠基冻土与衬砌结构间的相互作用。

5.3.2 控制微分方程

1. 渠道衬砌冻胀变形的挠曲线微分方程

采用如图5.7、图5.8所示坐标系，以竖直向上为正，基于 Winkler 模型的弹性地基梁方程可由下式表示为

$$EI \frac{\mathrm{d}^4 \omega(x)}{\mathrm{d}x^4} = p_0(x) - k\omega(x) \tag{5.43}$$

式中：EI 为地基梁弯曲刚度；$\omega(x)$ 为冻土与地基梁相互作用的法向位移（即挠度），cm；k 为地基系数，在此处可视为冻胀力衰减系数；$p_0(x)$ 为作用在地基梁上的分布荷载集度，MPa。

约定当变量的下标 i 为1时代表渠底衬砌板，为2时则代表渠坡衬砌板。就梯形渠道而言，结合式（5.42）～式（5.43），可得渠道衬砌各点冻胀变形的控制微分方程为

$$\frac{\mathrm{d}^4 \omega_i(x)}{\mathrm{d}x^4} + \frac{k_i}{E_c I} \omega_i(x) = \frac{k_i}{E_c I} \times 0.01 a H \mathrm{e}^{-bz(x)} \tag{5.44}$$

式中：E_c 为混凝土材料弹性模量，MPa；$\omega_i(x)$ 为衬砌渠道断面各点的实际冻胀位移，cm；$k_i = E_{fi} / H$ 可视为冻土地基梁的地基系数。

整理式（5.44）使其化为标准形式为

$$\frac{\mathrm{d}^4 \omega_i(x)}{\mathrm{d}x^4} + 4\beta_i^4 \omega_i(x) = 0.04 \beta_i^4 a H \mathrm{e}^{-bz(x)} \tag{5.45}$$

$$\beta_i = \sqrt[4]{(k_i / 4 E_c I)} \tag{5.46}$$

以下针对开放系统条件下梯形渠道底板和坡板分别导出微分方程的具体形式。

2. 梯形渠道底板冻胀变形的挠曲线微分方程

由于渠道底板两端受到坡板约束，把底板支承方式视为简支，计算简图如图5.7所示，其中 l_1 为底板长度，b_1 为底板厚度。冻胀力作用下衬砌视为薄板结构，未考虑重力，这是偏安全的。反映冻胀力释放和削减的附加荷载由于分布规律待定未在图中绘出，其方向为负，下同。

对渠道底板而言，由于衬砌板上各点至地下水位的距离均相同，所以作用在渠底衬砌板上的初始冻胀力荷载 $p_1(x)$ 应该为均布荷载，从而式（5.45）的右侧为常数。又由

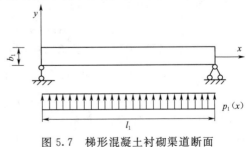

图 5.7 梯形混凝土衬砌渠道断面

图 5.6 可知 $z(x)$ 恒等于 (z_0-h)，代入后可得渠道底板冻胀变形的挠曲线微分方程为

$$\frac{\mathrm{d}^4\omega_1(x)}{\mathrm{d}x^4}+4\beta_1^4\omega_1(x)=0.04\beta_1^4 aH\mathrm{e}^{-b(z_0-h)} \tag{5.47}$$

式中：z_0 为渠道坡板顶端至地下水位的距离，cm；h 为衬砌渠道的断面深度，cm。

5.3.3　梯形渠道坡板冻胀变形的挠曲线微分方程

坡顶由于渠基冻土与衬砌界面的冻黏作用而受到法向冻结约束，且开放系统下衬砌渠道由于渠道基土冻结过程中的水分迁移和地下水补给使该作用更加显著，而同时渠坡衬砌板还在坡脚处受到渠底衬砌板的约束作用。基于此，结合文献把坡板视为简支梁，计算简图如图 5.8 所示，其中 l_2 为坡板长度，b_2 为坡板厚度，A 为坡顶，B 为坡脚。

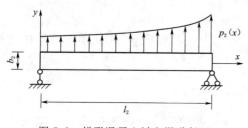

图 5.8　梯形混凝土衬砌渠道断面

与前述渠道底板的情形不同，坡板各点至地下水位距离各不相同，作用在渠坡衬砌板上的初始冻胀力荷载 $p_2(x)$ 应由式 (5.41) 及几何关系导出。如图 5.6 所示，几何关系由下式成立：

$$z(x)=z_0-x\sin\theta \tag{5.48}$$

把式 (5.48) 代入式 (5.45) 得渠坡衬砌板各点冻胀变形的挠曲线微分方程。

$$\frac{\mathrm{d}^4\omega_2(x)}{\mathrm{d}x^4}+4\beta_2^4\omega_2(x)=0.04\beta_2^4 aH\mathrm{e}^{-b(z_0-x\sin\theta)} \tag{5.49}$$

5.3.4　挠曲线微分方程的求解

1. 渠道底板冻胀变形的挠曲线微分方程求解

渠道底板各点冻胀变形的挠曲线微分方程即式 (5.47) 为四阶非齐次线性微分方程，通解由两部分组成：齐次解和特解。齐次解如下式所示（龙驭球，1981；李顺群等，2008）：

$$\omega_{1H}(x)=\mathrm{e}^{\beta_1 x}[c_{11}\cos(\beta_1 x)+c_{12}\sin(\beta_1 x)]+\mathrm{e}^{-\beta_1 x}[c_{13}\cos(\beta_1 x)+c_{14}\sin(\beta_1 x)] \tag{5.50}$$

式中：c_{11}、c_{12}、c_{13}、c_{14} 为任意常数；β_1 为特征系数。

式 (5.47) 还存在一个特解为

$$\omega_{1T}(x)=0.01Ha\mathrm{e}^{-b(z_0-h)} \tag{5.51}$$

代入式 (5.47) 中可以检验该特解的正确性。结合特解和齐次解，可得通解如下：

$$\omega_1(x)=0.01Ha\mathrm{e}^{-b(z_0-h)}+\mathrm{e}^{\beta_1 x}[c_{11}\cos(\beta_1 x)+c_{12}\mathrm{in}(\beta_1 x)]$$
$$+\mathrm{e}^{-\beta_1 x}[c_{13}\cos(\beta_1 x)+c_{14}\sin(\beta_1 x)] \tag{5.52}$$

此解中 4 个任意常数应满足如下 4 个边界条件：① $x=0$，$\omega_1(0)=0$；② $x=0$，$\omega_1''(0)=0$；③ $x=l_1$，$\omega_1(l_1)=0$；④ $x=l_1$，$\omega_1''(l_1)=0$。

在式 (5.52) 中应用上述边界条件可得联立方程组为

$$\left.\begin{array}{l} c_{11}+c_{13}=d_1 \\ c_{12}-c_{14}=0 \\ v_{11}c_{11}+v_{12}c_{12}+v_{13}c_{13}+v_{14}c_{14}=d_1 \\ v_{11}c_{11}-v_{12}c_{12}-v_{13}c_{13}+v_{14}c_{14}=0 \end{array}\right\} \tag{5.53}$$

其中:

$$\left.\begin{array}{l} d_1=-0.01aHe^{-b(z_0-h)} \\ v_{11}=e^{\beta_1 l_1}\cos(\beta_1 l_1) \\ v_{12}=e^{\beta_1 l_1}\sin(\beta_1 l_1) \\ v_{13}=e^{\beta_1 l_1}\cos(\beta_1 l_1) \\ v_{14}=e^{\beta_1 l_1}\sin(\beta_1 l_1) \end{array}\right\} \tag{5.54}$$

对各参数均为已知的具体衬砌渠道,式 (5.54) 中各项均可算出,代入式 (5.53) 即可解出四个任意常数,从而原方程得解。

2. 渠道坡板冻胀变形的挠曲线微分方程求解

渠道坡板各点冻胀变形的挠曲线微分方程即式 (5.49) 也是四阶非齐次线性微分方程,齐次解的形式与式 (5.50) 一致。由比较系数法可得式 (5.49) 存在特解为

$$\omega_{2T}(x)=\frac{0.01\beta_2^4}{0.25(b\sin\theta)^4+\beta_2^4}aHe^{-b(z_0-x\sin\theta)} \tag{5.55}$$

代入式 (5.49) 可检验该特解的正确性。

结合特解和齐次解,可得式 (5.49) 的通解为

$$\omega_2(x)=\frac{0.01\beta_2^4}{0.25(b\sin\theta)^4+\beta_2^4}aHe^{-b(z_0-x\sin\theta)}+e^{\beta_2 x}[c_{21}\cos(\beta_2 x)+c_{22}\sin(\beta_2 x)]$$

$$+e^{-\beta_2 x}[c_{23}\cos(\beta_2 x)+c_{24}\sin(\beta_2 x)] \tag{5.56}$$

式中:c_{21}、c_{22}、c_{23}、c_{24} 为任意常数;β_2 为特征系数。式 (5.56) 中四个任意常数也应满足下述四个边界条件:①$x=0$,$\omega_2(0)=0$;②$x=0$,$\omega_2''(0)=0$;③$x=l_2$,$\omega_2(l_2)=0$;④$x=l_2$,$\omega_2''(l_2)=0$。

在式 (5.56) 中应用上述边界条件可得联立方程组为

$$\left.\begin{array}{l} c_{21}+c_{23}=d_{21} \\ c_{22}-c_{24}=d_{22} \\ v_{21}c_{21}+v_{22}c_{22}+v_{23}c_{23}+v_{24}c_{24}=d_{23} \\ v_{21}c_{21}-v_{22}c_{22}-v_{23}c_{23}+v_{24}c_{24}=d_{24} \end{array}\right\} \tag{5.57}$$

其中:

$$d_{21} = -\frac{0.01\beta_2^4}{0.25(b\sin\theta)^4 + \beta_2^4}aH\mathrm{e}^{-bz_0}$$

$$d_{22} = -\frac{0.01\beta_2^4(b\sin\theta)^2}{0.25(b\sin\theta)^4 + \beta_2^4}aH\mathrm{e}^{-bz_0}$$

$$d_{23} = -\frac{0.01\beta_2^4}{0.25(b\sin\theta)^4 + \beta_2^4}aH\mathrm{e}^{-b(z_0-h)}$$

$$d_{24} = -\frac{0.01\beta_2^4(b\sin\theta)^2}{0.25(b\sin\theta)^4 + \beta_2^4}aH\mathrm{e}^{-b(z_0-h)}$$

$$v_{21} = \mathrm{e}^{\beta_2 l_2}\cos(\beta_2 l_2), \quad v_{22} = \mathrm{e}^{\beta_2 l_2}\sin(\beta_2 l_2)$$

$$v_{23} = \mathrm{e}^{-\beta_2 l_2}\cos(\beta_2 l_2), \quad v_{24} = \mathrm{e}^{-\beta_2 l_2}\sin(\beta_2 l_2)$$

$$\tag{5.58}$$

对各参数均为已知的具体衬砌渠道，式（5.58）中各项均可计算，代入式（5.57）即可解出四个任意常数，从而原方程得解。

5.3.5　内力计算

梯形渠道底板采用如图 5.7 所示的坐标系，坡板采用如图 5.8 所示的坐标系。由小变形假设，衬砌各截面轴向拉力大小不受衬砌各点挠度影响，从而各截面轴力可仍按第 4 章相关方法计算。梯形渠道衬砌结构各截面弯矩沿渠道断面的分布规律为

$$M_i(x) = E_c I \omega_i''(x) \tag{5.59}$$

式中：当 $i=1$ 时，$M_i(x)$ 和 $\omega_i''(x)$ 分别表示渠道底板各截面的弯矩和挠度；当 $i=2$ 时，$M_i(x)$ 和 $\omega_i''(x)$ 分别为坡板各截面的弯矩和挠度，下同。由于坐标系 y 轴的正方向朝上，故该式的右侧为正。

梯形渠道衬砌结构各截面剪力沿衬砌渠道断面的分布规律可通过对上式求导获得，即

$$P_i(x) = E_c I \omega_i'''(x) \tag{5.60}$$

式中：$P_i(x)$ 为衬砌各点对应截面剪力，MPa。与已有研究相比，以衬砌各点挠度计算为基础的冻胀内力计算公式更简洁，且可对渠道坡板和底板各点所对应的截面内力建立统一、通用的计算公式。现以渠道底板为例分别写出式（5.59）、式（5.60）的具体形式为

$$
\begin{aligned}
M_1(x) &= 2\beta_1^2 E_c I \{\mathrm{e}^{\beta_1 x}[-c_{11}\sin(\beta_1 x) + c_{12}\cos(\beta_1 x)] \\
&\quad - \mathrm{e}^{-\beta_1 x}[c_{13}\sin(\beta_1 x) - c_{14}\cos(\beta_1 x)]\} \\
P_1(x) &= 2\beta_1^3 E_c I \{\mathrm{e}^{\beta_1 x}[-(c_{11}+c_{12})\sin(\beta_1 x) + (c_{12}-c_{11})\cos(\beta_1 x)] \\
&\quad + \mathrm{e}^{-\beta_1 x}[(c_{13}-c_{14})\sin(\beta_1 x) - (c_{13}+c_{14})\cos(\beta_1 x)]\}
\end{aligned}
\tag{5.61}
$$

5.3.6　工程算例

1. 研究区域与工程概况

新疆塔里木灌区以阿拉尔市为中心，多年最低气温为 $-29.3 \sim -24℃$，已修建渠道 2355km，地表水丰沛，有塔里木河、阿克苏新大河、和田河等五大河流贯穿，地下水为河流两岸嵌入式淡水体，地下水埋深较浅，渠道存在严重冻胀破坏。由于旱寒地区雨量稀

少且地下水埋深浅，引发冻胀的主要水分来源是地下水补给。

图 5.9 为新疆生产建设兵团农一师塔里木灌区某梯形渠道断面（以一侧为例）。采用 C15 混凝土衬砌，板厚为 8cm，渠坡和渠底冻土层冬季最低温度分别为 $-14.7℃$ 和 $-9.4℃$。渠基冻土弹性模量按冬季冻土层最低温度取值，这是偏安全的。渠基冻土冻深约 1m，地下水埋深 z_0 约 3.5m，坡板倾角为

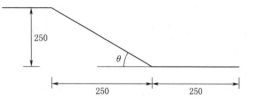

图 5.9 某梯形渠道断面
（坡脚 θ 为 45°；图中数值单位为 cm）

45°，基土土质为轻壤土。于 2010—2011 年越冬期对该渠道进行原型观测，底板每间隔 25cm 设一个测点；由于坡板较长且不便观测，故间隔 50cm 设一个测点。现对衬砌各点冻胀位移进行计算及对比分析。相关参数与经验系数见表 5.1。

表 5.1　　　　　　　　　　　　　　相关参数与经验系数

参　数	取　值	备　注	参　数	取　值	备　注
E_c	$2.2×10^4$ MPa	混凝土材料	b	0.022	轻壤土
E_{f1}	2.35MPa	渠道底部冻土层	β_1	0.0089	渠底衬砌板的特征系数
E_{f2}	2.61MPa	渠道边坡冻土层	β_2	0.0091	渠坡衬砌板的特征系数
a	21.972	轻壤土			

2. 衬砌冻胀位移计算与对比分析

根据如式（5.53）所示联立方程组得任意常数：$c_{11}=1.024$，$c_{12}=-0.23$，$c_{13}=-3.453$，$c_{14}=-0.23$；分别代入式（5.52）可得底板各点法向冻胀位移（即挠度），如图 5.10 所示。类似地，求解如式（5.57）所示方程组的任意常数：$c_{21}=-0.053$，$c_{22}=0.203$，$c_{23}=0.05$，$c_{24}=0.203$；分别代入式（5.56）可得坡板各点挠度，如图 5.10 所示。此外，由材料力学方法即挠曲线微分方程中不引入反映冻胀力释放和削减的附加项，也可分别衬砌板各点挠度进行求解。图 5.10、图 5.11 为不同方法计算结果与观测值的对比图。

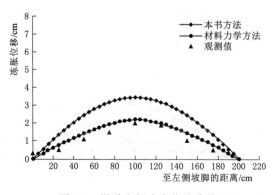

图 5.10 渠道底板冻胀位移曲线

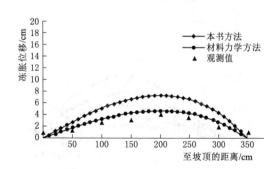

图 5.11 渠道坡板冻胀位移曲线

如图 5.10、图 5.11 所示，本书方法由于考虑衬砌冻胀变形引起的冻胀力消减和释放，冻胀位移计算结果均较材料力学方法小，且与观测值更符合。底板各点位移表现为中间大、两边小的分布特征；坡板各点冻胀位移则表现为中下部较大，上部较小的分布特征，与实际基本相符。本书计算值与观测值相比仍显偏大，这是因为衬砌结构被视为薄板结构，未考虑重力，这是偏安全的；渠道坡板和底板两端的观测值并非准确地为 0，即衬砌板视为简支梁结构的计算结果与观测值也存在一定偏差，但偏差不显著。

3. 衬砌冻胀位移计算与对比分析

由图 5.10、图 5.11 还可以发现，无论是坡板还是底板，冻胀位移曲线都存在一个峰值，该值所在截面附近最可能发生拉裂和折断等破坏，可见对最易破坏截面位置和冻胀变形的估算有重要意义。底板各点冻胀位移最大值所在截面为中间截面，且 $\omega_{1max} = \omega_1(100) = 2.217\mathrm{cm}$，表明中间截面是底板最易发生冻胀破坏的位置。

坡板冻胀位移最大值所在截面可通过求式（5.56）中导数为零的点选取。令 $\omega_2'(x) = 0$，用二分法求根，预定精度为 0.005，二分 9 次得该截面在距坡顶 199.94cm 处，即距坡顶 62.32% 处，且有 $\omega_{2max} = \omega_2(100) = 4.637\mathrm{cm}$。在对塔里木灌区渠道冻胀破坏状况调查表明，梯形渠道衬砌破坏主要发生在距坡顶 55%～75% 坡板长处。已有研究结果也一般认为坡板最易破坏截面在距渠顶约 2/3 坡板长处，均与本书估算结果相符。以上结果表明坡板和底板最易破坏截面的冻胀位移计算值均大于允许值（允许法向位移值为 2cm），表明衬砌存在发生冻胀破坏的可能。

4. 不同地下水位对衬砌冻胀位移的影响

为分析开放系统下梯形渠道在不同地下水位（至渠顶）时衬砌板的冻胀特征，以该渠道为原型，假定渠顶地下水位分别为 3m、3.5m、4m、4.5m 和 5m 时分别对底板和坡板冻胀位移进行计算，计算结果如图 5.12、图 5.13 所示。由图可知，不同渠顶地下水埋深对衬砌板冻胀位移的总体趋势影响较小，但对断面各点冻胀位移大小尤其是最大冻胀位移量值影响显著。随着地下水埋深越浅，衬砌冻胀位移迅速增大。这表明寒区高地下水位渠道极易发生冻胀破坏，与事实相符。

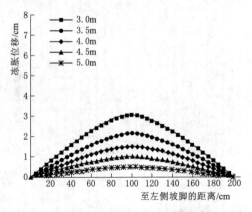
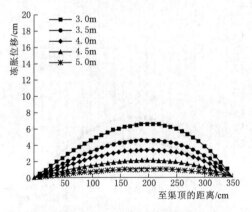

图 5.12　不同地下水位渠道底板冻胀位移曲线　　图 5.13　不同地下水位渠道底板冻胀位移

5.4　渠道冻胀工程力学模型的简要总结与比较分析

在此，对已建立两类弹性冻土地基模型进行简要总结，并对其优劣特点进行比较分析。

（1）由李宗利等提出的渠道冻胀弹性地基沉降模型基于 Winkler 假设将渠基冻土视为既相互独立又垂直或平行于渠道衬砌板的弹簧支承。渠基冻土的变形通过弹簧的变形来体现，以其自由冻胀形态为弹簧原长，冻胀力则视为本应达到自由冻胀形态的土弹簧由于受到衬砌约束作用而无法到达原长时引起的地基反力。该模型实际上是通过在完全自由冻胀的渠基冻土上，因衬砌板端部受到约束力作用导致渠道基土无法同步冻胀变形而迫使基土产生的"沉降"变形来间接计算衬砌板的冻胀变形。由此可见，该模型仍然属于"沉降模型"。值得注意的是，该模型提出一种新的法向冻结力计算方法，避免了已有模型将其简单归结为集中力的不足。但是该模型未考虑渠基冻土自由冻胀量的不均匀性，模型计算结果偏大。

（2）本书提出的渠道冻胀弹性地基冻胀模型通过引入与冻胀变形成比例的附加项表示衬砌冻胀变形导致的冻胀力释放与衰减，构造适用于地基冻胀问题的弹性冻土地基模型。该模型考虑了渠基冻土的不均匀性冻胀，从冻胀的角度出发构造挠曲线微分方程，属于"冻胀模型"。对不同顶部约束条件下冻胀力随结构冻胀变形的衰减规律的深入研究有助于使该模型更加合理、准确，目前以木下诚一公式为基础的模型虽然计算简便，但略显粗糙。通过适当选择边界条件，当某些部位计算出的挠度值大于自由冻胀量时，根据两者间差值及冻土物理力学性质同样可计算法向冻结力，从而避免将其简单归结为集中力。

第6章 冬季冰盖输水渠道冰冻破坏力学模型

而今，渠道冻胀机理已有一定基础研究。如王正中等（2004）首先对现浇混凝土梯形渠道建立了力学模型，肖旻等（2017）对弹性地基渠道，宋玲等（2015）对冬季输水渠道，分别建立了力学分析模型，为寒区渠系工程抗冻胀研究提供了有效的设计方法和思路。以上研究全部针对无冰盖作用的渠道冻胀破坏进行分析，冬季有冰盖输水时衬砌结构不仅受到冰盖以上渠基土冻胀作用，而且还受到冰荷载的作用及约束（李洪升等，2000；刘晓洲等，2013），目前采用无冰盖条件下的冻胀工程力学模型评价冬季冰盖输水渠道安全已不适用。

本章从工程力学角度提出冰盖下输水衬砌渠道冰冻破坏的计算方法。进一步通过对冰荷载、冻胀荷载位置、大小和组合系数的调整，将此方法推广应用于带冰盖输水、无冰盖输水和无冰盖不输水三种典型梯形衬砌渠道的冰冻害评价计算。同时基于弹性地基理论，考虑冰盖生消过程中结冰初期、形成期和封冻期三个关键阶段的不同影响条件，提出一种渠道由冰、结构与冻土协同作用下产生协调变形的冰冻破坏分析构想。进一步对三个阶段分别建立了冰冻破坏力学模型。以期为寒区冰盖输水衬砌渠道冰冻破坏的有效评价与防治提供理论方法。

6.1 基本约定和假设

考虑在冬季输水过程中渠内水体、渠基土与大气环境之间进行热量交换，当冰盖稳定生成后对渠内水体具有保温作用而使渠道横断面内产生不均匀冰冻现象：行水水位线以下土体保持未冻状态（以下称该区域为未冻区）；而水位线上方渠基土在累积负温作用下易发生冻结，同时又有渠水入渗补给而使该区域冻胀变形显著（刘晓洲等，2013；马巍等，2014；葛建锐等，2020）（以下称该区域为受冻区），即渠道坡板整体受不均匀冰冻作用。由于水分迁移及相变作用会改变冻土力学特性，导致对衬砌结构实际计算的复杂程度增大，且考虑的影响因素越多计算越困难（肖旻等，2017；Liu Quanhong 等，2020）。因此，该书主要针对冬季行水渠道冰盖生消过程中关键时间节点段进行分析，即渠道受冻区坡板承受的冻胀荷载；未冻区坡板承受的静水压力，基土摩擦力和底板约束作用；加之冰盖生消过程中三个阶段的冰荷载作用的综合影响视为引起衬砌各点冰冻位移差异的主要因素。

根据已有研究和实际工程经验（王正中，2004；宋玲，2015；葛建锐，2020），对该力学模型作如下假设（Shen 等，2010；练继建等，2011；国家能源局，2015）：

（1）渠道形成整体稳定、厚度均匀的平封式冰盖，且只考虑冰盖与衬砌结构黏结稳定后冰盖对坡板的静冰压力，暂不考虑结冰初期动冰压力和由水位突然变化时冰盖对坡板产生弯矩时的冰拔作用（李洪升等，2000；国家能源局，2015）。

（2）考虑冬季冰盖输水由于冰盖的产生将渠道分为受冻区和未冻区两个部分，在冰冻荷载作用下，冰-结构-冻土由破坏前的平衡状态转化为冰冻破坏时的极限平衡状态，且整个冰冻破坏过程发生准静态变化。

（3）受冻区渠基土在冻结前已发生固结，暂不考虑未冻区基土的压缩效应，冰-结构-冻土协同作用下的变形均在弹性范围内，仅考虑冻深范围内冻土的变形对衬砌产生的冻胀荷载，暂不考虑冻深以外未冻土的固结变形。

（4）在形成期冰冻荷载分析中，对衬砌结构冰冻破坏而言由悬臂冰盖自重引起坡板的冰荷载和基土冻胀引起坡板的冻胀荷载是一种协同加强作用，暂不考虑水体对冰盖的浮力作用，这是偏安全的。

6.2 冰盖输水衬砌渠道冰冻破坏工程力学模型

6.2.1 冰冻荷载分析

1. 法向冻胀力计算

衬砌坡板各点所受冻胀力大小仅与对应位置基土冻胀强度有关，即由衬砌板对应位置基土至地下水位高度可计算渠道混凝土衬砌板的冻胀力大小与分布（肖旻等，2017）。已有研究表明（王希尧，1980；李安国等，1993；盛岱超等，2014），基土冻胀率（即冻胀强度）与地下水埋深的关系为

$$\eta = a\,e^{-bz} \tag{6.1}$$

式中：η 为冻胀率，%；e 为自然对数的底；a、b 为该地区土质、气温影响下的相关参数；z 为渠顶至地下水埋深之间的距离，m；

依据试验统计（陈肖柏等，2006）得出冻胀率和冻胀力的关系为

$$q(x) = E\,\frac{\Delta h}{H} = E\eta(x) \tag{6.2}$$

式中：q 为法向冻胀力，MPa；E 为冻土的弹性模量，MPa；Δh 为冻胀量，m；H 为冻结深度，m。

依据我国北方水利、交通部门冻胀试验监测资料，得到不同土质与地下水埋深之间的关系（李安国等，1993；陈肖柏等，2006；盛岱超等，2014），如渠基土为壤土时，a 为60.05，b 为0.0146。即由式（6.1）和式（6.2）可得冻胀力与地下水埋深关系为

$$q(x) = Ea\,e^{-bz(x)} \tag{6.3}$$

2. 切向冻结力计算

切向冻结力的最大值 τ_{max} 即为切向冻结强度，最大切向冻结力与土质、土壤含水率、地下水补给和气温有关，条件允许时相关参数可根据当地水文气象及工程情况进行实况监测确定，如无资料情况下对−20℃以内的负温，可近似按式（6.4）和式（6.5）表示（王正中，2004；陈肖柏等，2006；宋玲等，2015）：

$$\tau(x)=\frac{x}{l_1}\tau_{\max} \tag{6.4}$$

$$\tau_{\max}=c_1+m_1|T| \tag{6.5}$$

式中：τ 为切向冻结力，MPa；x 为衬砌板各点的坐标，m；c_1、m_1 为与土质相关的系数，$c_1=0.3\times10^{-3}\sim0.6\times10^{-3}$ MPa，$m_1=0.4\times10^{-3}\sim1.5\times10^{-3}$ MPa/℃；T 为负温值，℃。

3. 冰盖自重及分力作用计算

考虑冰盖自重对渠坡受力影响时，由于冰的蠕变特性和其自适应能力，只考虑左、右坡板与冰盖的相互作用力，暂不考虑弯矩作用（李洪升等，2000）。冰盖自重荷载、左右坡板对冰盖的作用力可按式（6.6）和式（6.7）表示为

$$q_i=\rho_i h_i B g \tag{6.6}$$

式中：q_i 为冰盖自重荷载分布，kN/m；ρ_i 为冰的密度，kg/m³；h_i 为冰厚，m；B 为沿渠长取单位长度为计算单元，m；g 为重力加速度，m/s²。

$$F_{i1}=F_{i2}=\frac{q_i l_i}{2\sin\theta_2} \tag{6.7}$$

式中：F_{i1}、F_{i2} 分别为渠道左右坡板对冰盖的作用力，kN；l_i 为冰盖的计算长度，m；θ_2 为 F_{i1}、F_{i2} 与冰盖的夹角，(°)。

4. 静冰压力计算

当环境温度、冰盖厚度和输水水位变化时会影响冰盖的生长，而冰盖生长受到衬砌结构对其约束作用，即会产生静冰压力 P_i（李洪升等，2000；沈洪道，2010；U. S. Army Corps of Engineers，2013；刘晓洲等，2013；国家能源局，2015）。静冰压力可沿坡板法向与切向分解为2个分力：P_{in}、$P_{i\tau}$ 分别为静冰压力 P_i 在坡板法向和切向上的分力。当切向约束合力不足以平衡冰拔力时，坡板会在长期冻融循环作用下出现错动、移位、甚至冰拔等破坏现象（周幼吾等，2000；沈洪道，2010；U. S. Army Corps of Engineers，2013；马巍等，2014）。

冰盖厚度是影响渠道冬季安全输水的重要指标，也是静冰压力计算的重要参数（李洪升等，2000；李志军等，2005）。根据冰冻度-日法冰厚与累积负温的关系（沈洪道，2010；练继建等，2011）表示为

$$h_i=\alpha\sqrt{\frac{2k_i}{L_i\rho_i}}\sqrt{-\int_0^t T_a(t)\mathrm{d}t} \tag{6.8}$$

式中：k_i 为冰的导热系数，W/(m·K)；T_a 为气温，℃；t 为计算时间，s；h_i 为冰厚，m；L_i 为结冰潜热，J/kg；ρ_i 为冰的密度，kg/m；α 为经验系数，取值 $0.7\sim1.4$。

通过对《水工建筑物抗冰冻设计规范》（NB/T 35024—2014）中静冰压力与冰厚的监测数据进行拟合得出

$$P_i=170.47\ln h_i+251.05 \tag{6.9}$$

式中：P_i 为静冰压力，kN。

$$P_{in}=P_i\sin\theta_1 \tag{6.10}$$

$$P_{i\tau}=P_i\cos\theta_1 \tag{6.11}$$

式中：P_{in}、$P_{i\tau}$ 分别为静冰压力 P_i 在坡板法向和切向上的分力，kN；θ_1 为坡板倾角，（°）。

依据工程力学方法对冬季带冰盖输水衬砌渠道模型进行受力分析，如图 6.1～图 6.3 所示。

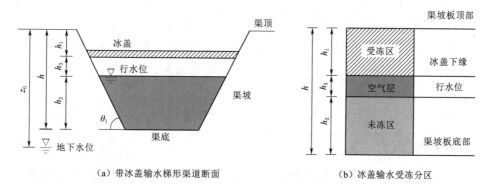

（a）带冰盖输水梯形渠道断面 （b）冰盖输水受冻分区

图 6.1 冬季带冰盖输水渠道断面

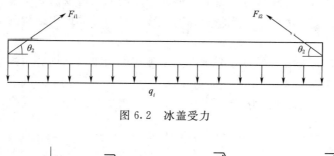

图 6.2 冰盖受力

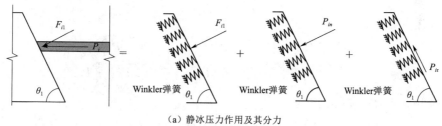

（a）静冰压力作用及其分力

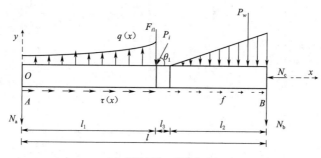

（b）渠坡板冰-冻荷载受力

图 6.3 冬季带冰盖输水渠道断面受力计算

103

6.2.2　力学模型建立与求解

基于力学模型受力分析，冬季带冰盖行水渠道受冻区坡板有冻胀荷载与冰荷载共同作用，包括冻胀力 $q(x)$、冻结力 $\tau(x)$ 和静冰压力 P_i；未冻区由静水压力作用，包括静水压力合力 P_w 及坡板和未冻土之间的摩阻力 f；坡板与底板相互之间有约束力 N_b 和作用力 N_c，并沿渠长取单位长度为模型计算单元，即 $B=1\text{m}$。

根据受冻区板长 l_1、未冻区板长 l_2 和坡板总长 l 的静力平衡条件，可得如下方程：

$$\int_0^{l_1} q(x)\mathrm{d}xB - P_{in} - F_{i1} - P_w - N_a - N_b = 0 \tag{6.12}$$

$$P_{i\tau} + N_c - \int_0^{l_1} \tau(x)\mathrm{d}xB - \sum fB = 0 \tag{6.13}$$

6.2.3　衬砌板内力计算

根据文献研究（王正中，2004；申向东等，2012；肖旻等，2017）和对黑龙江北安、绥化等灌区渠道调研分析（葛建锐，2015），渠道表面出现拱起、拉裂等现象是由局部弯矩过大而混凝土材料抗拉强度低、适应变形能力差的原因造成的。冬季长期输水渠道基土地下水埋藏较浅，对较大的法向冻胀力和冰盖静冰压力共同作用下衬砌结构产生的弯矩计算尤为重要。

联立式（6.12）和式（6.13）分析得到渠坡板内力沿各截面分布规律。

（1）渠道坡板受冻区 $0 \leqslant x \leqslant l_1$ 内力计算。

1）各截面轴力计算公式为

$$N(x) = \int_0^x \tau(x)\mathrm{d}x = \frac{\tau_{\max} x^2}{2l_1} \tag{6.14}$$

2）各截面弯矩计算公式为

$$M(x) = k_1\{x[q(l_1) - q(0)] - l[q(x) - q(0)]\}$$
$$+ k_2 x[q(l_1) - k_3(P_{in} + F_{i1})] - k_4 \frac{x}{3} P_w \tag{6.15}$$

3）各截面剪力计算公式为

$$F(x) = k_1\{[q(l_1) - q(0)] - k_5 l q(x)\}$$
$$+ k_2 x[q(l_1) - k_3(P_{in} + F_{i1})] - \frac{1}{3} k_4 P_w \tag{6.16}$$

（2）渠道坡板未冻区 $l_1 < x \leqslant 0.67 l_2$ 内力计算。

1）各截面轴力计算公式为

$$N(x) = \frac{\tau_{\max}}{2} l_1 + \sum f - P_{i\tau} \tag{6.17}$$

2）各截面弯矩计算公式为

$$M(x) = k_1(x - l)[q(l_1) - q(0)] + k_5 l_1\left(1 - \frac{x}{l}\right) q(l_1)$$
$$- \left(1 - \frac{x}{l}\right) l_1 (P_{in} + F_{i1}) - \frac{x}{3} k_4 P_w \tag{6.18}$$

3）各截面剪力计算公式为

$$F(x)=k_1\left[q(l_1)-q(0)\right]-k_5\frac{l_1}{l}q(l_1)+\frac{l_1}{l}(P_{in}+F_{i1})-\frac{1}{3}k_4P_w \tag{6.19}$$

（3）渠道坡板未冻区 $0.67l_2<x\leqslant l$ 内力计算。

1）各截面轴力计算公式为

$$N(x)=\frac{\tau_{\max}}{2}l_1+\sum f-P_{i\tau} \tag{6.20}$$

2）各截面弯矩计算公式为

$$M(x)=k_1(x-l)\left[q(l_1)-q(0)\right]+k_5l_1\left(1-\frac{x}{l}\right)q(l_1)$$
$$-\left(1-\frac{x}{l}\right)l_1(P_{in}+F_{i1})-(x-l)\left(1+\frac{k_4}{3}\right)P_w \tag{6.21}$$

3）各截面剪力计算公式为

$$F(x)=k_1\left[q(l_1)-q(0)\right]-k_5\frac{l_1}{l}q(l_1)+\frac{l_1}{l}(P_{in}+F_{i1})-\left(1+\frac{k_4}{3}\right)P_w \tag{6.22}$$

其中

$$k_1=\frac{1}{b^\iota h\sin\theta_1}$$

$$k_2=\frac{1}{b\sin\theta_1}\left(1-\frac{l_1}{l}\right)$$

$$k_3=b\sin\theta_1$$

$$k_4=\frac{l_2}{l}$$

$$k_5=\frac{1}{b\sin\theta_1}$$

式（6.20）～式（6.22）中 $N(x)$ 为计算截面的轴力，kN/m；$M(x)$ 为计算截面的弯矩，kN·m/m；$F(x)$ 为计算截面的剪力，kN/m；k_1 与 k_5 为冻胀力影响系数；k_2 为冰冻荷载耦合系数；k_3 为静冰荷载影响系数；k_4 静水压力影响系数。

通过数学分析可得坡板最大弯矩位置，即最危险截面 $x_{\max}$ 为

$$x_{\max}=\frac{lz_0}{h}+\frac{l}{bh}\ln\frac{J}{k_1k_5lEa} \tag{6.23}$$

其中

$$J=k_1\left[q(l_1)-q(0)\right]+k_2\left[q(l_1)-k_3(P_{in}+F_{i1})\right]-\frac{k_4}{3}P_w$$

根据式（6.15）和式（6.21）可得到受冻区始端与未冻区终端（坡顶与坡脚）弯矩 $M(0)=M(l)=0$，即可验证坡板为简支梁结构，符合前述研究假设（王正中，2004；肖旻等，2017）。

当仅考虑冻胀作用且不考虑冰荷载和输水影响时静冰压力和静水压力为 0（$l_1=l$，$l_2=0$，$k_2=k_3=k_4=0$），即为无冰盖不输水工况，代入式（6.15）中可得该工况弯矩：

$M(x)=k_1\{x[q(l)-q(0)]-l[q(x)-q(0)]\}$；当仅考虑冻胀作用与输水影响且不考虑冰荷载作用时静冰压力为 0 （$k_2=k_3=0$），即为无冰盖输水工况，代入式（6.15）、式（6.18）、式（6.21）可联立得该工况弯矩。

这与已有研究结果相符（王正中，2004；肖旻等，2017；宋玲等，2015），证明本书力学模型同样对无冰盖输水渠道冻胀工程力学模型、无冰盖不输水冻胀工程力学模型具有普遍性和适用性。三种力学模型参数见表 6.1。

表 6.1 三种力学模型参数

名　　称	带冰盖输水工况	无冰盖输水工况	无冰盖不输水工况
受冻区板长	l_1	l_1	l
未冻区板长	$l-l_1$	l_2	0
冻胀力影响系数 1	k_1	k_1	k_1
冻胀力影响系数 2	k_5	k_5	k_5
静冰荷载影响系数	k_3	0	0
冰冻荷载耦合系数	k_2	0	0
静水压力影响系数	k_4	k_4	0

6.2.4 冰盖输水衬砌渠道破坏判断准则

前已述及，冬季冰盖输水衬砌渠道冰冻破坏主要为坡板的拉裂、剪切和冰拔破坏三种类型，现分别确定其破坏判断准则。

（1）冬季冰盖输水衬砌渠道坡板受力时主要表现为压弯结构，因而截面最大拉应力是否超过结构许用应力可用于判定坡板是否安全，计算公式为

$$\frac{\sigma_{\max}(x_{i\max})}{E_j}=\frac{1}{E_j}\left(\frac{6M(x_{i\max})}{b_k^2}-\frac{N(x_{i\max})}{b_k}\right)\leqslant[\varepsilon] \tag{6.24}$$

式中：$\sigma_{\max}(x_{i\max})$ 为危险截面的最大拉应力，MPa；E_j 为截面材料的弹性模量，MPa；$M(x_{i\max})$ 为危险截面的弯矩，kN·m/m；$N(x_{i\max})$ 为危险截面的轴力（通常为负），kN/m；b_k 为材料截面厚度，m；$[\varepsilon]$ 为材料许用拉应变，m/m。

（2）当渠板冰盖周围由于剪力过大时产生裂缝，加之渠板轴向受切向冰拔、切向冻结和摩阻力组合拉压的作用，易导致冰盖处的变形或折裂。为判断是否剪切破坏，计算公式为

$$\tau_{\max}(x_{i\max})=\frac{3}{2}\frac{F_A(x_{i\max})}{A_j}=\frac{3F_A(x_{i\max})}{2b_k}\leqslant[\tau] \tag{6.25}$$

式中：$\tau_{\max}(x_{i\max})$ 为危险截面的最大切应力，MPa；$F_A(x_{i\max})$ 为危险截面的剪力，kN；A_j 为危险截面面积，m^2；b_k 为材料截面厚度，m；$[\tau]$ 为材料的许用切应力，MPa。

（3）考虑冰盖生成后由于静冰压力沿坡板切向产生冰拔作用，坡板切向约束不满足冻拔力时渠道衬砌坡板结构将被向上"拔"起，从而影响到衬砌结构的稳定性，故静冰压力切向分力不应大于坡板受冻区切向冻结力和未冻区摩阻力的合力，即应满足

$$P_{i\tau}\leqslant f'=\int_0^{l_1}\tau(x)\mathrm{d}xB+\sum fB \tag{6.26}$$

式中：f' 为受冻区切向冻结力和未冻区摩阻力的合力，kN。

当渠道混凝土衬砌坡板结构产生向上"拔"起趋势时，底板对坡板向下拖拽的约束作用很小，即约束力 N_b 可以忽略；且坡板侧向土压力和坡板自重本书暂不考虑，这是偏安全的（王正中，2004；肖旻等，2017）。

（4）冰盖生成后，由冰盖自重和静冰荷载反力的共同作用下，冰盖直线形态的平衡易丧失稳定性，需对冰盖进行平面内失稳验算，即应满足

$$F_{cr} \geqslant P_i + F_{i1}\cos\theta_2 \tag{6.27}$$

式中：F_{cr} 为冰盖受压临界荷载，kN。

6.3 考虑冰盖生消的渠道冰冻破坏弹性地基梁模型

6.3.1 冰-结构-冻土协同作用的冰冻荷载分析

1. 结冰初期的冻土-结构相互作用冰冻荷载分析

在北方降温初期，输水渠道行水表面未冻结成冰凌和岸冰时，受冻区坡板只有基土冻胀与衬砌结构约束的相互作用，假定衬砌结构完全约束住渠基土的自由冻胀量，且结构恰好处于未变形状态时（即结构的初始状态），此时地基梁弹簧被完全约束住处于初始压缩状态，而作用在衬砌结构上的冻胀力视为初始冻胀力。当衬砌结构发生冻胀变形时会使冻胀力产生释放，最终由基土冻胀与衬砌结构的相互作用下达到平衡，此时的结构冻胀变形为实际冻胀位移大小与分布，这个过程为结冰初期基土冻胀-衬砌结构相互作用阶段（以下称第 1 阶段）。

在实际工程中，衬砌结构往往不可能完全约束住基土的自由冻胀量 ω_0，而在冻土-结构作用下将基土微元的总长由 $\omega_0 + H$ 压缩至 $\omega_f + H$，则被衬砌结构约束的实际冻胀量为 $\omega_0 - \omega_f$（图 6.4），第 1 阶段衬砌各点实际冻胀力与冻胀位移关系为

$$p_1(x) = E_f \frac{\omega_0(x) - \omega_f(x)}{\omega_0(x) + H} \tag{6.28}$$

式中：$p_1(x)$ 为第 1 阶段冰冻荷载，MPa；E_f 为冻土的弹性模量，MPa；$\omega_0(x)$ 为断面各点的自由冻胀量，m；$\omega_f(x)$ 为衬砌各点实际冻胀位移（即挠度），m。

当寒区基土冻结深度 $H > 1$m，自由冻胀量 $\omega_0 = 0.02$m 时，$\omega_0/(\omega_0 + H)$ 这一项相对误差小于 2%，即认为 $\omega_0 + H$ 与 H 等价。并引入木下诚一提出的冻胀率与冻胀力的关系式（陈肖柏等，2006；肖旻等，2017）：$p(x) = E_f(\omega_0/H) = 0.01E_f a e^{-bz(x)}$，进而将式（6.29）化简为

$$p_1(x) = p(x) - E_f \frac{\omega_f(x)}{H} \tag{6.29}$$

式中：$p(x)$ 为基土自由冻胀量被完全约束时作用在衬砌上的冻胀力（即初始冻胀荷载），MPa。

2. 形成期的冰-结构-冻土协同作用冰冻荷载分析

随着外界气温继续降低，输水渠道中开始产生的大量冰花、冰絮，由于在渠道同一横

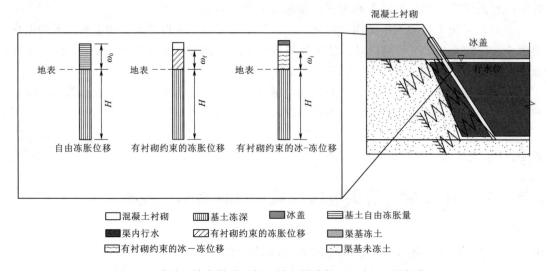

图 6.4　冰盖下输水梯形混凝土衬砌渠道断面及冰-土-结构作用

（ω_0 为渠道基土在该点的自由冻胀量，$\omega_0(x) = \eta(x)H = 0.01aHe^{-bz(x)}$，m；

ω_f 为有衬砌约束时该点的实际冻胀量，m；ω_i 为有衬砌约束＋冰荷载时该点

的实际冻胀量，m；H 为基土冻深，m）

断面中，岸边流速相对较小而渠中心流速较大，这些漂浮的冰花和冰絮起初会在渠岸累积并逐渐黏结形成岸冰，而岸冰稳定后会向渠中心发展且在整个横断面形成完整的冰盖，最后通过上下游水力调控后实现冰盖下输水的目的。

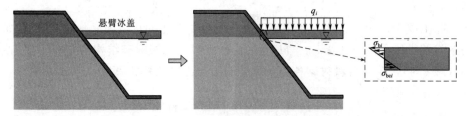

图 6.5　第 2 阶段悬臂冰盖作用荷载分析

（q_i 为悬臂冰盖自重荷载集度，kN/m；σ_{bi} 为冰的抗拉强度，MPa；σ_{bci} 为冰的抗压强度，MPa）

事实上，在渠中心冰盖由于成冰时间较短使该处冰盖较薄（较岸冰处），当渠中心处冰盖未黏结稳定即通过水力调控降低水位后为该阶段最危险工况，将中心处未黏结成稳定冰盖时可视作渠坡板处作用悬臂冰盖（为 1/2 平封冰盖长度），如图 6.5 所示。这种悬臂冰盖会对衬砌结构产生附加弯矩作用，在这一阶段受冻区坡板有冰盖附加弯矩、基土冻胀与衬砌结构约束的共同作用，由于悬臂冰盖的存在使地基梁弹簧被释放，进而加剧了受冻区坡板的冰冻变形（较第 1 阶段），最终在基土、悬臂冰盖与衬砌结构的协同作用下达到平衡，此时在形成期冰-结构-冻土耦合作用下渠道衬砌结构的变形即为实际冰冻位移大小与分布，这个过程为形成期的冰盖作用-基土冻胀-衬砌结构相互作用阶段（以下称第 2 阶段）。

在第 2 阶段中，根据结构力学理论，由悬臂冰盖自重引起的渠坡板附加弯矩为

$$M_{ix} = \frac{1}{2} q_i l_{ix}^2 \qquad (6.30)$$

式中：M_{ix} 为悬臂冰盖自重引起的坡板附加弯矩，$kN \cdot m$；q_i 为悬臂冰盖自重荷载集度，kN/m；l_{ix} 为悬臂冰盖长度，m。

河冰研究领域普遍认为，冰的抗拉强度 σ_{bi} 约为抗压强度 σ_{bci} 的 $1/10 \sim 1/6$（沈洪道，2010），在第 2 阶段计算中还需对冰盖拉应力是否满足其极限抗拉强度进行验证，即悬臂冰盖自重引起的渠坡板附加弯矩应满足冰抗拉强度引起的渠坡板附加弯矩的要求为

$$M_{ix} \leqslant M_{bi} = \frac{1}{2} h_i^2 B \sigma_{bi} \qquad (6.31)$$

式中：M_{bi} 为冰抗拉强度引起的渠坡板附加弯矩，$kN \cdot m$；h_i 为冰厚，m；B 为地基梁计算宽度，m；σ_{bi} 为冰的抗拉强度，MPa。

冰-结构-土耦合作用下将基土微元的总长由 $\omega_0 + H$ 释放至 $\omega_i + H$，则被衬砌结构约束的冰冻变量为 $\omega_0 - \omega_i$（图 6.4），第 2 阶段衬砌各点实际冰-冻荷载与衬砌结构位移关系为

$$p_2(x) = p(x) - E_f \frac{\omega_i(x)}{H} \qquad (6.32)$$

式中：$p_2(x)$ 为第 2 阶段的冰冻荷载，MPa；E_f 为冻土的弹性模量，MPa；ω_i 为衬砌各点实际的冰冻位移（即挠度），cm；$p(x)$ 为初始冻胀荷载，MPa；H 为基土冻结深度，cm。

3. 封冻期的冰-结构-土协同作用冰冻荷载分析

当外界气温持续降低时并通过人工调控上下游水位变化后，输水渠道表面形成稳定的平封式冰盖，这种稳定冰盖会对衬砌结构产生静冰荷载及冰盖对衬砌结构的附加弯矩作用（刘晓洲等，2013；葛建锐等，2020），在这一阶段受冻区坡板有基土冻胀、静冰荷载、冰盖附加弯矩荷载与衬砌结构约束的共同作用，并使地基梁弹簧被再次约束进而处于压缩状态（较第 1、第 2 阶段），最终在基土、平封冰盖与衬砌结构间的协同作用下达到平衡，此时在封冻期冰-结构-土耦合作用下渠道衬砌结构的变形即为实际冰冻位移大小与分布，这个过程为封冻期的冰盖作用-基土冻胀-衬砌结构相互作用阶段（以下称第 3 阶段）。

在第 3 阶段中，静冰压力是导致衬砌结构冰冻破坏的主要荷载（Selvadural A P S 等 1993）。现行方法普遍要建立冰压力的热传导微分方程，通过求解温升率来得到冰压力的解。这类方法不易确定边界条件，且微分方程求解有一定难度不便被工程使用。

本模型通过对规范中（国家能源局，2015）现场监测数据拟合得到冰盖作用在渠坡板上的静冰压力与冰厚关系为

$$P_{is} = 170 \ln h_i + 251 \quad (R^2 = 0.982) \qquad (6.33)$$

式中：P_{is} 为静冰压力，kN；h_i 为冰厚，m；由冰冻度-日法冰厚与累积负温的关系求得（练继建等，2011）。

根据结构力学理论，由平封冰盖自重引起的渠坡板附加弯矩为

$$M_{is} = \frac{1}{12} q_i l_{is}^2 \qquad (6.34)$$

式中：M_{is}为平封冰盖自重引起的坡板附加弯矩，kN·m；q_i为冰盖自重荷载集度，kN/m；l_{is}为平封冰盖长度，m。

在冰-结构-土耦合作用下将基土微元的总长由ω_0+H压缩至ω_i+H，则被衬砌结构约束的冰冻变形量为$\omega_0-\omega_i$（图6.4），第3阶段衬砌各点实际冰冻荷载与衬砌结构位移关系为

$$p_3(x)=p(x)-E_f\frac{\omega_i(x)}{H} \tag{6.35}$$

式中：$p_3(x)$为第3阶段冰冻荷载，MPa；E_f为冻土的弹性模量，MPa；ω_i为衬砌各点实际的冰冻位移（即挠度），cm；$p(x)$为初始冻胀荷载，MPa；H为基土冻结深度，cm。

综合考虑式（6.29）、式（6.32）、式（6.35）可反应输水渠道三个阶段中冰盖-衬砌结构-基土冻胀之间荷载、变形与约束的协同作用关系。

6.3.2 冰-结构-冻土协同作用衬砌渠道变形的挠曲线微分方程

1. 衬砌渠道挠曲线微分方程建立

根据弹性地基梁计算假定（Selvadural A P S，1979；龙驭球，1981），当荷载作用位置距地基梁两端均大于$3L$时，视为无限长梁问题；当荷载作用位置距地基梁一端小于$3L$，而距另一端大于$3L$时，视为半无限长梁问题；当荷载作用位置距地基梁两端均小于$3L$时，视为短梁问题，其中：$L=1/\beta=(4EI/k)^{1/4}$为梁的特征长度，m；k为弹性地基抗力系数。

考虑输水渠道衬砌结构冰冻破坏模型可视为二维平面应变问题，根据文献研究（Selvadural A P S等，1993），将渠道坡板视为置于Winkler弹性地基上的两端简支梁。并根据工程力学方法对冬季输水渠道冰冻破坏弹性地基梁模型进行受力分析，如图6.6所示。

基于弹性地基Winkler理论，考虑冰-结构-冻土耦合作用过程中的变形协调性，冬季输水渠道坡板衬砌结构弹性地基梁挠曲线微分方程一般形式为

$$E_cI\frac{d^4\omega_j(x)}{dx^4}+k\omega_j(x)=p_j(x) \tag{6.36}$$

式中：E_c为衬砌结构弹性模量，MPa；I为衬砌截面惯性矩，m^4；$\omega_j(x)$为地基梁的实际法向位移（即挠度），m；k为弹性地基抗力系数，kN/m^2；$p_j(x)$为地基梁上作用的冰-冻荷载分布，MPa；变量下标j为1～3，分别表示三个阶段的不同冰冻荷载作用。

根据文献研究（龙驭球，1981）得到冻土地基系数k_0与冻结深度H和弹性模量E_f的关系为

$$k_0=\frac{E_f}{H} \tag{6.37}$$

式中：k_0为冻土地基系数，kN/m^3；E_f为冻土弹性模量，MPa。

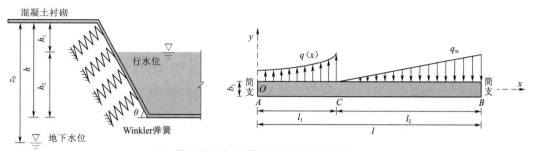

（a）第1阶段渠道示意图与渠坡板冰冻荷载受力

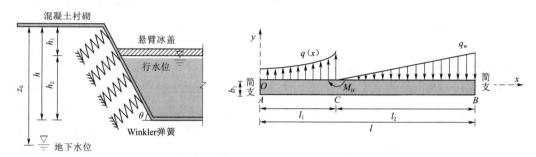

（b）第2阶段渠道示意图与渠坡板冰冻荷载受力

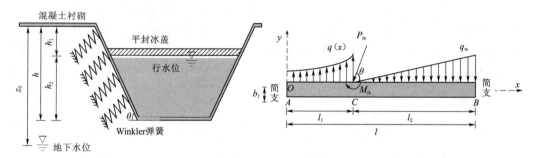

（c）第3阶段渠道示意图与渠坡板冰冻荷载受力

图 6.6　冬季输水渠道弹性地基梁模型计算

（h 为渠道断面总深度，m；h_1 为渠道受冻区深度，m；h_2 为未冻区深度，m；z_0 为渠顶地下水埋深，m；

θ 为坡板倾角，（°）；l 为渠道坡板总长，m；l_1 为受冻区坡板长，m；l_2 为未冻区坡板长，m；

b_1 为坡板厚度，m；O 点为坐标原点，A 点为坡顶处，B 点为坡脚处；$q(x)$ 为法向冻胀力，MPa；

q_w 为静水压力分布，kN/m；M_{ix} 为悬臂冰盖引起的附加弯矩，kN·m；

M_{is} 为平封冰盖引起的附加弯矩，kN·m；P_{is} 为静冰压力，kN）

　　当计算冻深内的渠基土完全冻结时，则弹性地基抗力系数 $k = bk_0$，b 为地基梁计算宽度，本书取单位宽度；当计算冻深内的渠基土未完全冻结时，则弹性地基抗力系数 k 要对不同地基土层可积分求得。

　　对式（6.37）进行整理并标准化后得

$$\frac{\mathrm{d}^4 \omega_j(x)}{\mathrm{d}x^4} + 4\beta_j^4 \omega_j(x) = \frac{p_j(x)}{EI} \tag{6.38}$$

其中

$$\beta_j = \sqrt[4]{\frac{k}{4E_cI}} \tag{6.39}$$

式中：β_j 为地基梁的特征系数，$\mathrm{m^{-1}}$。

2. 挠曲线微分方程求解

基本微分方程式（6.39）是一个四阶常系数线性非齐次微分方程。其相应齐次方程的通解为

$$\omega_{j0}(x) = e^{\beta x}(c_1\cos\beta x + c_2\sin\beta x) + e^{-\beta x}(c_3\cos\beta x + c_4\sin\beta x) \tag{6.40}$$

式中：$c_1 \sim c_4$ 为积分常数。

基本微分方程的通解由齐次微分方程的通解 $\omega_{j0}(x)$ 与非齐次微分方程的特解 $\omega^*(x)$ 构成，即

$$\omega(x) = e^{\beta x}(c_1\cos\beta x + c_2\sin\beta x) + e^{-\beta x}(c_3\cos\beta x + c_4\sin\beta x) + \omega^*(x) \tag{6.41}$$

根据材料力学理论，梁中任意截面转角 $\theta(x)$、弯矩 $M(x)$、剪力 $Q(x)$ 与挠度 $\omega(x)$ 存在如下微分关系：$\theta(x) = \omega'(x)$，$M(x) = -Ei\omega''(x)$，$Q(x) = -Ei\omega'''(x)$。则在地基梁的计算中，确定式（6.41）中积分常数 $c_1 \sim c_4$ 是一个重要环节，传统冻土地基梁解法（肖旻等，2017）只涉及一种分布荷载且要求全断面分布，而实际渠道冰冻破坏力学模型在冰盖生消过程中作用多种荷载且分布不均，因此不宜照搬传统冻土地基梁的方法，应当另寻简化途径。

考虑地基梁在每个截面有四个基本量（即四个参数）：挠度 ω、转角 θ、弯矩 M 和剪力 Q，梁初始截面 A 与坐标原点 O 重合，则初始截面 A 端的四个参数 ω_0、θ_0、M_0、Q_0 可称为地基梁的初参数。将初参数代入式（6.40）并考虑对应挠度 ω、转角 θ、弯矩 M 和剪力 Q 间的微分关系方程，得

$$\begin{cases} \omega_j(0) = c_1 + c_3 = \omega_0 \\ \theta_j(0) = \beta(c_1 + c_2 - c_3 + c_4) = \theta_0 \\ M_j(0) = -2EI\beta^2(c_2 - c_4) = M_0 \\ Q_j(0) = -2EI\beta^3(-c_1 + c_2 + c_3 + c_4) = Q_0 \end{cases} \tag{6.42}$$

联立求解式（6.42）四个方程，得

$$\begin{cases} c_1 = \dfrac{\omega_0}{2} + \dfrac{\theta_0}{4\beta} + \dfrac{Q_0}{8EI\beta^3} \\[2mm] c_2 = \dfrac{\theta_0}{4\beta} - \dfrac{M_0}{4EI\beta^2} - \dfrac{Q_0}{8EI\beta^3} \\[2mm] c_3 = \dfrac{\omega_0}{2} - \dfrac{\theta_0}{4\beta} - \dfrac{Q_0}{8EI\beta^3} \\[2mm] c_4 = \dfrac{\theta_0}{4\beta} + \dfrac{M_0}{4EI\beta^2} - \dfrac{Q_0}{8EI\beta^3} \end{cases} \tag{6.43}$$

由转化关系式（6.43）解出的 $c_1 \sim c_4$ 再代入式（6.38），即得初参数表示的挠度方程为

$$\omega_{j0} = \omega_0\varphi_1(\beta x) + \theta_0\frac{1}{\beta}\varphi_2(\beta x) - M_0\frac{1}{EI\beta^2}\varphi_3(\beta x) - Q_0\frac{1}{EI\beta^3}\varphi_4(\beta x) \tag{6.44}$$

其中，引入克雷洛夫函数 $\varphi_1(\beta x)$、$\varphi_2(\beta x)$、$\varphi_3(\beta x)$、$\varphi_4(\beta x)$ 为

$$
\begin{cases}
\varphi_1(\beta x) = \mathrm{ch}\beta x \cos\beta x \\[2mm]
\varphi_2(\beta x) = \dfrac{1}{2}(\mathrm{ch}\beta x \sin\beta x + \mathrm{sh}\beta x \cos\beta x) \\[2mm]
\varphi_3(\beta x) = \dfrac{1}{2}\mathrm{sh}\beta x \sin\beta x \\[2mm]
\varphi_4(\beta x) = \dfrac{1}{4}(\mathrm{ch}\beta x \sin\beta x - \mathrm{sh}\beta x \cos\beta x)
\end{cases}
$$

式（6.44）就是用初参数表示的齐次方程通解，且其每一项都有明确物理意义：$\varphi_1(\beta x)$ 表示当原点 O 有单位挠度时地基梁的挠度方程；$\varphi_2(\beta x)/\beta$ 表示当原点 O 有单位转角时地基梁的挠度方程；$-\varphi_3(\beta x)/(Ei\beta^2)$ 表示当原点 O 有单位弯矩时地基梁的挠度方程；$-\varphi_4(\beta x)/(Ei\beta^3)$ 表示当原点 O 有单位剪力时地基梁的挠度方程。

考虑四个初参数中两个由原点 O 端的边界条件可直接求出，而另外两个成为未知量，如图 6.6 所示，在简支端 O：$\omega_0=0$、$M_0=0$；即 θ_0、Q_0 为未知量。为了统一考虑外荷载 q、P 和 M 的协同作用影响，继续推导如下：由于假设 O 处的边界条件为已知，式（6.44）所示的挠度方程适用于 $O \leqslant x < C$ 的区段长度。在点 $x=C$ 处，正如初始截面弯矩 M_0 对原点 O 以右部分发生影响一样，弯矩 M 将对 $x=C$ 以右部分产生同样的影响，则式（6.44）中含有 M_0 项的系数就等同于影响系数。这一影响系数 $-\varphi_3(\beta x)/(Ei\beta^2)$ 是与 M_0 作用在原点时同样的情况推导而得。则弯矩 M 作用于 C 点右端任意位置的一般情况为：当 $x_\mathrm{M}<x$ 时（x_M 为弯矩 M 的坐标位置），地基梁内由弯矩 M 引起的挠度修正项为

$$
\omega(x)_\mathrm{M} = -M\frac{1}{EI\beta^2}\varphi_3[\beta(x-x_\mathrm{M})] \tag{6.45}
$$

同理，当 $x_\mathrm{P}<x$ 时（x_P 为集中荷载 P 的坐标位置），地基梁内由集中荷载 P 引起的挠度修正项为

$$
\omega(x)_\mathrm{P} = -P\frac{1}{EI\beta^3}\varphi_4[\beta(x-x_\mathrm{P})] \tag{6.46}
$$

同理，当 $x_\mathrm{q}<x$ 时（x_q 为分布荷载 q 的坐标位置），地基梁内由分布荷载 $q(x)$ 引起的挠度修正项为

$$
\omega(x)_\mathrm{q} = \frac{1}{EI\beta^3}\int_0^x q(x_\mathrm{q})\varphi_4[\beta(x-x_\mathrm{q})]\mathrm{d}x_\mathrm{q} \tag{6.47}
$$

式（6.45）～式（6.47）即为模型中非齐次微分方程的特解，则用初参数表示的微分方程的通解为

$$
\begin{aligned}
\omega(x) =\ & \omega_0\varphi_1(\beta x) + \theta_0\frac{1}{\beta}\varphi_2(\beta x) - M_0\frac{1}{EI\beta^2}\varphi_3(\beta x) - Q_0\frac{1}{EI\beta^3}\varphi_4(\beta x) \\
& - M\frac{1}{EI\beta^2}\varphi_3[\beta(x-x_\mathrm{M})] + P\frac{1}{EI\beta^3}\varphi_4[\beta(x-x_\mathrm{P})] \\
& + \frac{1}{EI\beta^3}\int_0^x q(x_\mathrm{q})\varphi_4[\beta(x-x_\mathrm{q})]\mathrm{d}x_\mathrm{q}
\end{aligned} \tag{6.48}
$$

考虑地基梁中任意截面转角 $\theta(x)$、弯矩 $M(x)$、剪力 $Q(x)$ 与挠度 $\omega(x)$ 的微分关

系，整理后得

$$\theta(x) = -\omega_0 4\beta\varphi_4(\beta x) + \theta_0\varphi_1(\beta x) - M_0\frac{1}{EI\beta}\varphi_2(\beta x) - Q_0\frac{1}{EI\beta^2}\varphi_3(\beta x)$$

$$- M\frac{1}{EI\beta}\varphi_2[\beta(x-x_M)] + P\frac{1}{EI\beta^2}\varphi_3[\beta(x-x_P)]$$

$$+ \frac{1}{EI\beta^2}\int_0^x q(x_q)\varphi_3[\beta(x-x_q)]\mathrm{d}x_q \tag{6.49}$$

$$M(x) = \omega_0 \times 4EI\beta^2\varphi_3(\beta x) + \theta_0 4EI\varphi_4(\beta x) + M_0\varphi_1(\beta x) + Q_0\frac{1}{\beta}\varphi_2(\beta x)$$

$$+ M\varphi_1[\beta(x-x_M)] - P\frac{1}{\beta}\varphi_2[\beta(x-x_P)]$$

$$- \frac{1}{\beta}\int_0^x q(x_q)\varphi_2[\beta(x-x_q)]\mathrm{d}x_q \tag{6.50}$$

$$Q(x) = \omega_0 4EI\beta^3\varphi_2(\beta x) + \theta_0 4EI\beta^2\varphi_3(\beta x) - M_0 4\beta\varphi_4(\beta x) + Q_0\varphi_1(\beta x)$$

$$- M\times 4\beta\varphi_4[\beta(x-x_M)] - P\varphi_1[\beta(x-x_P)]$$

$$- \int_0^x q(x_q)\varphi_1[\beta(x-x_q)]\mathrm{d}x_q(x) \tag{6.51}$$

由于前文已将地基梁端部视为简支约束，则有两个初参数根据边界条件可知：$\omega_0 = 0$，$M_0 = 0$；另外两个初参数由梁另一端边界条件 $[\omega(l)=0, M(l)=0]$ 和作用不同荷载情况代入式 (6.49) 和式 (6.51) 而分别求出。

其中，冰荷载作用下的初始参数 θ_0 和 Q_0 为

$$\begin{cases} \theta_0 = \dfrac{P\varphi_2(\beta l_2)\varphi_4(\beta l) - P\varphi_4(\beta l_2)\varphi_2(\beta l)}{\beta^2 E[\varphi_2^2(\beta l) + 4\varphi_4^2(\beta l)]} \\[3mm] Q_0 = \dfrac{P\varphi_2(\beta l_2)\varphi_2(\beta l) + 4P\varphi_4(\beta l_2)\varphi_4(\beta l)}{\varphi_2^2(\beta l) + 4\varphi_4^2(\beta l)} \end{cases} \tag{6.52}$$

其中，冻胀荷载、静水压力下的初始参数 θ_0 和 Q_0 为

$$\begin{cases} \theta_0 = \dfrac{q\dfrac{1}{\beta}\varphi_3[\beta(x-x_q)]\varphi_4(\beta l) - q\dfrac{1}{4\beta}\{1-\varphi_1[\beta(x-x_q)]\}\varphi_2(\beta l)}{\beta^2 EI[\varphi_2^2(\beta l) + 4\varphi_4^2(\beta l)]} \\[3mm] Q_0 = \dfrac{q\dfrac{1}{\beta}\varphi_3[\beta(x-x_q)]\varphi_2(\beta l) + 4q\dfrac{1}{4\beta}\{1-\varphi_1[\beta(x-x_q)]\}\varphi_4(\beta l)}{\varphi_2^2(\beta l) + 4\varphi_4^2(\beta l)} \end{cases} \tag{6.53}$$

其中，冰盖附加弯矩荷载下的初始参数 θ_0 和 Q_0 为

$$\begin{cases} \theta_0 = \dfrac{M\varphi_3(\beta l_2)\varphi_2(\beta l) - M\varphi_1(\beta l_2)\varphi_4(\beta l)}{\beta EI(\varphi_2^2(\beta l) + 4\varphi_4^2(\beta l))} \\[3mm] Q_0 = -\dfrac{\beta M\varphi_1(\beta l_2)\varphi_2(\beta l) + 4M\varphi_3(\beta l_2)\varphi_4(\beta l)}{\varphi_2^2(\beta l) + 4\varphi_4^2(\beta l)} \end{cases} \tag{6.54}$$

通过将四个积分常数 $c_1 \sim c_4$ 由 4 个初参数 ω_0、θ_0、M_0、Q_0 的线性组合来表示，这样的好处：①明确了积分常数的实际工程意义；②可根据初参数的工程意义对冰-结构-土耦合

作用下渠道弹性地基梁模型方程寻求简化解法。

6.3.3 工程应用与分析

1. 工程研究背景与概况

我国南水北调中线工程中输水渠道全长将近 1200 km，其中约有 500 km 渠段冬季输水过程中遭受不同程度冰冻破坏影响，而以总干渠最北端的京石段（北京—石家庄段）冻害最严重（黄国兵等，2019）。该渠段年实测最低气温为 $-18.6 \sim -9.0℃$（2011—2016年），累计负温 $-299.7 \sim -109.3℃$，渠基土质为粉质壤土，基土历年最大冻深为 $0.8 \sim 1.5m$，在冰期，冰盖厚度为 $14 \sim 32cm$，属于寒冷地区。

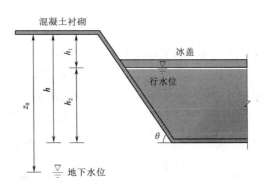

图 6.7 京石段某梯形渠道冰冻破坏现场监测 　　图 6.8 原型渠道断面

图 6.7 为京石段某梯形渠道冰冻破坏现场监测图，该渠道为 C15 混凝土衬砌，坡板厚为 10cm，渠道实测越冬季最低温度为 $-16.5℃$。渠基土冻结深度约为 1.2m，其土质为粉质壤土，坡角 θ 为 45°，相关参数与经验系数见表 6.2（沈洪道等，2010；练继建等，2011；肖旻等，2017；黄国兵等，2019），基于前文构建的冰冻破坏渠道力学分析模型，现对冰盖生消过程关键节点冰—冻位移进行计算和对比分析，渠道尺寸如图 6.8 所示。

表 6.2　　　　　　　　　　　　　　　相关参数与经验系数

参　数	取　值	备　注
E_c	$2.2 \times 10^4 MPa$	混凝土弹性模量
E_f	$2.61MPa$	冻土层弹性模量
a	44.326	式（6.1）和式（6.3）的经验系数
b	0.011	式（6.1）和式（6.3）的经验系数
h	450cm	渠道深度
l	636cm	渠坡板总长
l_1	320cm	受冻区坡板长
l_2	316cm	未冻区坡板长
ρ_i	$931kg/m^3$	冰的密度

续表

参　数	取　值	备　注
L_i	$3.33 \times 10^5 J/kg$	结冰潜热
k_i	$2.2W/(m \cdot K)$	冰的导热系数
h_i	28cm	式（6.8）中计算的冰盖厚度
β	0.0023	渠坡板特征系数
z_0	390cm	地下水埋深（渠顶至地下水位距离）

2. 渠坡板衬砌结构冰冻位移求解与数据分析

经前分析，由式（6.1）和木下诚一冻胀力公式求得计算渠段坡板最大冻胀率为 $\eta_{max}=7.32\%$；最大冻胀力为 $p_{max}=191.04kPa$。根据式（6.52）～式（6.54）可解得冻胀荷载作用下的初参数：$\omega_0=0$，$\theta_0=0.6772$，$M_0=0$，$Q_0=1936.0809$；悬臂冰盖附加弯矩作用下的初参数：$\omega_0=0$，$\theta_0=-9.705\times10^{-7}$，$M_0=0$，$Q_0=-0.0101$；静冰荷载作用下的初参数：$\omega_0=0$，$\theta_0=3.949\times10^{-3}$，$M_0=0$，$Q_0=13.6378$；封冻冰盖附加弯矩作用下的初参数：$\omega_0=0$，$\theta_0=-1.329\times10^{-6}$，$M_0=0$，$Q_0=-1.387\times10^{-2}$；静水压力作用下的初参数：$\omega_0=0$，$\theta_0=1.203\times10^{-3}$，$M_0=0$，$Q_0=2.9733$。将上述初参数分别代入式（6.48）可得渠道坡板各截面冰冻位移解析表达，考虑冰盖生消过程中结冰初期、形成期和封冻期3个关键阶段的不同影响条件，并对本书计算方法、材料力学法、数值解法（Liu Quanhong 等，2020）和现场监测（黄国兵等，2019）进行对比分析。

如图6.9～图6.11所示，在结冰初期、形成期和封冻期变化的3个阶段，对应的渠坡板截面挠曲变形的最大值分别为10.62cm，13.89cm和5.05cm，且挠曲变形的峰值都出现在受冻区坡板的68%～88%位置上（距渠顶位置）；而对应的渠坡板截面最大拉应力分别为3.63MPa，4.11MPa和2.05MPa，且最大拉应力的峰值都出现在受冻区坡板的56%～69%位置上。说明冬季输水渠道衬砌结构在受冻区中下部是变形和拉应力最大区域，设计中应重视该区域形变与强度超标问题。

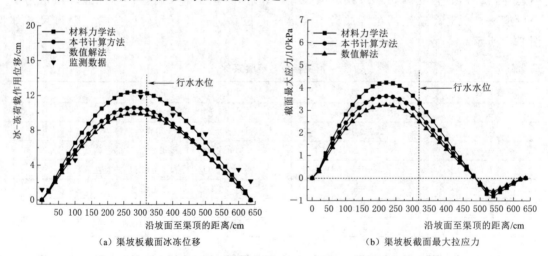

（a）渠坡板截面冰冻位移　　　　　　　　（b）渠坡板截面最大拉应力

图6.9　第1阶段渠坡板截面冰冻位移及最大拉应力

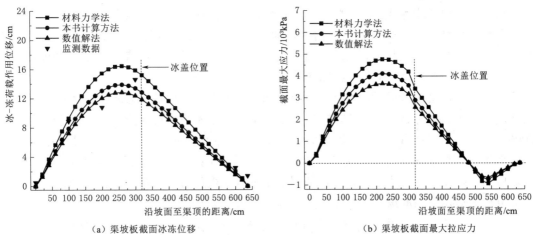

（a）渠坡板截面冰冻位移　　　　　　　　　　（b）渠坡板截面最大拉应力

图 6.10　第 2 阶段渠坡板截面冰冻位移及最大拉应力

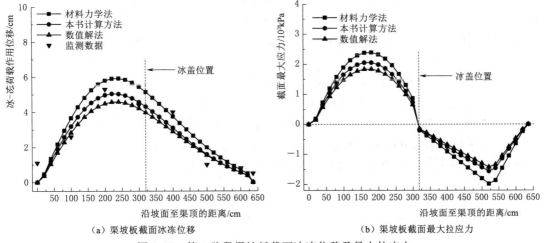

（a）渠坡板截面冰冻位移　　　　　　　　　　（b）渠坡板截面最大拉应力

图 6.11　第 3 阶段渠坡板截面冰冻位移及最大拉应力

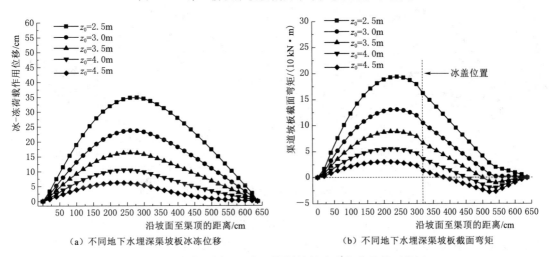

（a）不同地下水埋深渠坡板冰冻位移　　　　　　　（b）不同地下水埋深渠坡板截面弯矩

图 6.12　考虑不同地下水埋深渠坡板冰冻位移及截面弯矩

考虑三个阶段中冰-结构-土的协同作用影响：由结冰初期、形成期和封冻期变化过程中冰盖对衬砌结构产生的荷载逐渐增大，即衬砌结构对冰冻位移约束作用逐渐增大的过程，使渠道坡板冰冻位移逐渐减小，进而渠坡板趋于安全服役。建议寒区冬季输水渠道应适当调节3个阶段的运行周期：缩短第1阶段、第2阶段，增加第3阶段平封冰盖的服役时间。本书方法由于考虑衬砌冰-结构-土协同作用下渠基土地基反力影响及相互约束作用对冻胀力的削减，冰冻位移计算结果相比材料力学法偏小，符合文献假设（陈肖柏等，2006；肖旻等，2017）；由于本模型将坡板视为薄板结构未考其自重作用，计算结果比数值解偏大，这是偏安全的（肖旻等，2017）；且文本计算结果与文献（黄学兵等，2019）现场监测破坏位置及规律基本相符，证明了本书力学模型对冬季输水条件下渠道冰冻破坏计算分析的适用性和准确性。

3. 衬砌结构抗冰冻破坏影响因素讨论

图6.12为衬砌结构弹性模量 $E_c = 2.2 \times 10^4 MPa$，冰盖厚度 $h_i = 28cm$ 时，仍以该渠道为原型，考虑当地下水埋深变化时对寒区输水渠道衬砌结构的冰冻破坏的影响。现假定地下水埋深 z_0 分别为2.5m、3.0m、3.5m、4.0m和4.5m时，对渠道坡板冰冻位移和截面弯矩分布进行计算分析：衬砌结构冰冻位移和截面最大弯矩随地下水位降低而逐渐减小，且变化幅值也趋于平缓。其对应的冰冻位移峰值分别为34.89cm、23.76cm、16.38cm、10.52cm和6.21cm，位移峰值基本出现在受冻区坡板的中下部（69%～88%）；而对应的截面最大弯矩峰值分别为193.89kN·m、130.69kN·m、88.65kN·m、55.33kN·m和30.52kN·m，弯矩峰值基本出现在受冻区坡板的中下部（63%～75%）。由于地下水位升高促使基土冻胀作用加剧，因此在寒区输水渠道地下水埋深较浅时更易发生冰冻破坏，这与事实相符（陈肖柏等，2006；马巍等，2014）。

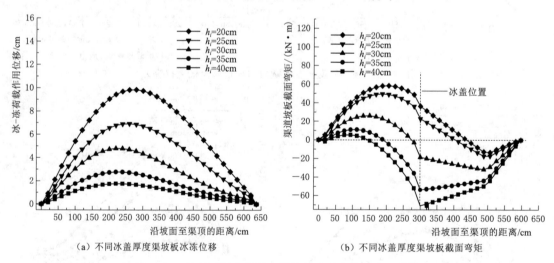

（a）不同冰盖厚度渠坡板冰冻位移　　　　（b）不同冰盖厚度渠坡板截面弯矩

图6.13　考虑不同冰盖厚度渠坡板冰冻位移及截面弯矩

图6.13为地下水埋深 $z_0 = 390cm$，衬砌结构弹性模量 $E_c = 2.2 \times 10^4 MPa$ 时，仍以该渠道为原型，考虑当平封冰盖厚度变化时对寒区输水渠道衬砌结构的冰冻破坏的影响。现假定形成稳定的平封冰盖厚度 h_i 分别为20cm、25cm、30cm、35cm和40cm时，对渠道

坡板冰冻位移和截面弯矩分布进行计算分析：衬砌结构冰冻位移和截面最大弯矩随冰盖厚度增加而逐渐减小。其对应的冰冻位移峰值分别为 9.84cm、6.91cm、4.79cm、2.78cm 和 1.77cm，位移峰值基本出现在受冻区坡板的中下部（69%～79%）；而对应的截面最大弯矩峰值分别为 58.41kN·m、49.60kN·m、26.14kN·m、11.15kN·m 和 5.44kN·m，弯矩峰值基本出现在受冻区坡板的中部（32%～69%）。由于冰盖厚度增大后对衬砌结构产生冰荷载增强（事实上加强了对坡板的冻胀时约束力），则坡板越不易发生冰冻破坏，但同时要考虑由冰盖增厚后对其冰盖稳定性的影响（沈洪道，2010；刘晓洲等，2013；葛建锐等，2020）。

6.4 本章小结

本章探讨并剖析了寒区冬季行水渠道冰冻荷载对结构的破坏机理，对不输水条件模型进行补充。

（1）考虑冰推力、冰约束及渠基土冻胀力对结构的共同作用，建立了冰盖输水渠道衬砌结构冰冻破坏工程力学模型。获得结论如下：

1）通过冰盖运行渠道冰冻破坏模式的识别，提出了衬砌结构三种抗裂准则的计算方法。

2）基于冰盖输水渠道衬砌结构冰冻破坏力学模型及解析表达式，通过静冰荷载影响系数、静水压力影响系数和冰冻荷载耦合系数的变化，建立了有无冰盖输水及停水三种典型工况下衬砌结构冰冻破坏统一力学模型及解析表达。

（2）提出了一种考虑冰盖作用-衬砌结构-基土冻胀协同作用影响下坡板冰冻破坏分析计算方法。获得结论如下：

1）推导得到了复杂冰冻荷载作用下渠道弹性地基梁力学模型和解析表达式，对三个阶段分别建立了冰冻破坏力学模型，结合不同荷载组合和边界条件对挠曲线微分方程求解，得到了渠坡板挠度、内力和应力的解析表达，该模型弥补了不输水条件弹性地基梁模型中预先假定一种简单冻胀荷载大小与分布规律，且不能真实反映基土冻胀与衬砌结构之间相互关系的缺陷。

2）分别对地下水埋深和冰盖厚度变化影响下衬砌结构冰冻破坏进行对比分析，结果表明：衬砌结构冰冻位移和截面最大弯矩均随地下水埋深降低和冰盖厚度的增加而逐渐减小，证明依据工程条件应考虑降低地下水位和增加冰盖厚度的影响作用，但同时要满足冰盖增厚后对其冰盖稳定性的影响条件。

参 考 文 献

安鹏，邢义川，张爱军，2013. 基于部分保温法的渠道保温板厚度计算与数值模拟 [J]. 农业工程学报，29 (17)：54-62.

奥兰多·安德斯兰德，布兰科，2011. 冻土工程（第2版）[M]. 北京：中国建筑工业出版社.

邴慧，何平，杨成松，等，2006. 开放系统下硫酸钠盐对土体冻胀的影响 [J]. 冰川冻土，28 (1)：126-130.

蔡海兵，程桦，姚直书，等，2015. 基于冻土正交各向异性冻胀变形的隧道冻结期地层位移数值分析 [J]. 岩石力学与工程学报，34 (8)：3766-3774.

蔡海兵，2012. 地铁隧道水平冻结工程地层冻胀融沉的预测方法及工程应用 [D]. 长沙：中南大学.

蔡四维. 1962. 弹性地基梁解法 [M]. 上海：上海科学技术出版社.

蔡正银，张晨，黄英豪，2017. 冻土离心模拟技术研究进展 [J]. 水利学报，48 (4)：398-407.

曹宏章，2006. 饱和颗粒土冻结过程的多场耦合研究 [D]. 北京：中国科学院工程热物理研究所.

陈良致，温智，董盛时，等，2016. 青藏冻结粉土与玻璃钢接触面本构模型研究 [J]. 冰川冻土，38 (2)：402-408.

陈肖柏，刘建坤，刘鸿绪，等，2006. 土的冻结作用与地基 [M]. 北京：科学出版社.

陈肖柏. 1988. 我国土冻胀研究进展 [J]. 冰川冻土，10 (3)：319-326.

陈肖柏. 1991. 土冻结作用研究近况 [J]. 力学进展，21 (2)：226-235.

程国栋，何平，2001. 多年冻土地区线性工程建设 [J]. 冰川冻土，23 (3)：1-7.

程国栋，杨成松，2006. 青藏铁路建设中的冻土力学问题 [J]. 力学与实践，28 (3)：213-217.

仇文革，孙兵，2010. 寒区破碎岩体隧道冻胀力室内对比试验研究 [J]. 冰川冻土，32 (3)：557-561.

丁金波，2012. 结冰表面冻粘特性的试验研究 [D]. 上海：上海交通大学.

范磊，曾艳华，何川，等，2007. 寒区硬岩隧道冻胀力的量值及分布规律 [J]. 中国铁道科学，28 (1)：44-49.

费里德曼，1982. 冻土温度状况计算方法 [M]. 徐学祖，译. 北京：科学出版社.

冯强，王刚，蒋斌松，2015. 季节性寒区隧道围岩融化分析的一种解析计算方法 [J]. 岩土工程学报，37 (10)：1835-1843.

甘肃省渠道防渗抗冻试验研究小组，1985. 甘肃省渠道防渗抗冻试验研究报告 [R]. 兰州：甘肃省水利厅.

耿琳，2016. 土的冻胀力学模型及冻胀变形数值模拟 [D]. 哈尔滨：哈尔滨工业大学.

葛建锐，王正中，牛永红，等，2020. 冰盖输水衬砌渠道冰冻破坏统一力学模型 [J]. 农业工程学报，36 (1)：90-98.

葛建锐，2015. 北方寒区灌渠衬砌基体土冻胀性能研究 [D]. 大庆：黑龙江八一农垦大学.

郭殿祥，魏振峰，马移军，等. 1993. 试论任意坡向坡度的衬砌渠道基土冻结和冻胀规律 [J]. 冰川冻土，15 (2)：346-353.

郭红雨，贾艳敏，2007. 用能量法确定考虑冻胀力和冻土抗力作用时桩基的临界荷载 [J]. 工程力学，24 (7)：167-173.

郭新蕾，杨开林，王涛，等，2011. 南水北调中线工程冬季输水数值模拟 [J]. 水利学报，42 (11)：1268-1276.

高霈生，靳国厚，2003. 中国北方寒冷地区河冰灾害调查与分析 [J]. 中国水利水电科学研究院学报，1 (2)：159-164.

国家能源局，2015. 水工建筑物抗冰冻设计规范：NB/T 35024—2014 [S]. 北京：中国电力出版社.

韩常领，姚红志，董长松，2015. 多年冻土区公路隧道围岩荷载计算方法 [J]. 中国公路学报，28 (15)：114 - 119.

韩延成，徐征和，高学平，等，2017. 二分之五次方抛物线明渠设计及提高水力特性效果 [J]. 农业工程学报，33 (4)：141 - 136.

韩延成，初萍萍，梁梦媛，等，2018. 冰盖下梯形及抛物线形输水明渠正常水深显式迭代算法 [J]. 农业工程学报，34 (14)：101 - 106.

何菲，王旭，蒋代军，等，2015. 桩基冻胀力的三维黏弹性问题研究 [J]. 岩土力学，36 (9)：2510 - 2516.

胡坤，周国庆，李晓俊，等，2011. 不同约束条件下土体冻胀规律 [J]. 煤炭学报，36 (10)：1653 - 1658.

黄国兵，杨金波，段文刚，2019. 典型长距离调水工程冬季冰凌危害调查及分析 [J]. 南水北调与水利科技，17 (1)：144 - 149.

黄继辉，夏才初，韩常领，等，2015. 考虑围岩不均匀冻胀的寒区隧道冻胀力解析解 [J]. 岩石力学与工程学报，34 (增 2)：2466 - 3446.

黄义，何芳社，2005. 弹性地基上的梁、板、壳 [M]. 北京：科学出版社.

黄焱，史庆增，宋安，2005. 冰温度膨胀力的有限元分析 [J]. 水利学报，36 (3)：1 - 9.

吉延峻，贾昆，俞祁浩，等，2017. 现浇混凝土-冻土接触面冻结强度直剪试验研究 [J]. 冰川冻土，39 (1)：86 - 91.

姜龙，王连俊，张喜发，等，2008. 季冻区公路路基低液限黏土法向冻胀力试验 [J]. 中国公路学报，21 (2)：23 - 27.

榎户源则，1977. 土丹の冻结压测定试验 [J]. 土と基础，233.

赖远明，吴紫汪，朱元林，等，1999. 寒区隧道冻胀力的黏弹性解析解 [J]. 铁道学报，21 (6)：70 - 74.

赖远明，朱元林，吴紫汪，1998. 桩基冻胀力三维问题的积分方程解法 [J]. 铁道学报，20 (6)：93 - 97.

李安国，陈瑞杰，杜应吉，等，2000. 渠道冻胀模拟试验及衬砌结构受力分析 [J]. 防渗技术，6 (1)：5 - 16.

李安国，李浩，陈清华. 1993. 渠道基土冻胀预报的研究 [J]. 西北水资源与水工程学报，4 (3)：17 - 73.

李安国，1978. 渠道混凝土衬砌的冻害及其防治措施 [J]. 陕西水利科技，3：46 - 85.

李方政，2005. 冻土帷幕与结构相互作用的冻胀和蠕变效应与应用研究 [D]. 南京：东南大学.

李方政，2009. 土体冻胀与地基梁相互作用的叠加法研究 [J]. 岩土力学，30 (1)：79 - 85.

李国柱，朱永乾，刘玉兰，1993. 抛物线形断面渠道砼衬砌 [J]. 防渗技术，29 (1)：45 - 50.

李宏波，田军仓，夏天，等，2018. 一种用挠度方程计算渠道冻胀内力的方法 [J]. 灌溉排水学报，37 (2)：11 - 16.

李洪升，刘增利，张小鹏，2004. 板形基础抗冻胀破坏的断裂力学分析 [J]. 岩石力学与工程学报，23 (17)：2983 - 2987.

李洪升，张小鹏，李光伟，1993. 合理考虑冻胀力的结构物设计原则 [J]. 土木工程学报，26 (5)：77 - 80.

李洪升，张小鹏，刘增利，等，2000. 水位降低时冰盖板对坝坡产生的弯矩计算分析 [J]. 水利学报，30 (8)：6 - 10.

李甲林，王正中，2013. 渠道衬砌冻胀破坏力学模型及防冻胀结构 [M]. 北京：中国水利水电出版社.

李宁，程国栋，徐学祖，等，2001. 冻土力学的研究与思考 [J]. 力学进展，1 (1)：95 - 102.

李萍，徐学祖，陈峰峰，2000. 冻结缘和冻胀模型的研究现状与进展 [J]. 冰川冻土，22 (1)：90 - 95.

李爽，王正中，高兰兰，等，2014. 考虑混凝土衬砌板与冻土接触非线性的渠道冻胀数值模拟 [J]. 水利学报，45 (4)：497 - 503.

李顺群，郑刚，2008. 复杂条件下 Winkler 地基梁的解析解 [J]. 岩土工程学报，30 (6)：873 - 879.

李学军，费良军，李改琴，2008a. 大型 U 型混凝土衬砌渠道季节性冻融水热耦合模型研究 [J]. 农业工程学报, 24 (1): 13-17.

李学军, 费良军, 任之忠, 2007. 大型 U 形渠道渠基季节性冻融水分运移特性研究 [J]. 水利学报, 38 (11): 1383-1387.

李学军, 2008b. 季节性冻融渠基土壤水分运移特性及大型弧线形渠道防渗抗冻胀理论与技术研究 [D]. 西安: 西安理工大学.

李志军, 周庆, 汪恩良, 等, 2013. 加载方式对冰单轴压缩强度影响的试验研究 [J]. 水利学报, 44 (9): 1037-1043.

李志军, 韩明, 秦建敏, 等, 2005. 冰厚变化的现场监测现状和研究进展 [J]. 水科学进展, 16 (5): 753-757.

李长林, 1991. 季节冻土区水工锚定板挡土墙的冻胀荷载 [J]. 水利学报, (9): 54-59.

李卓, 刘斯宏, 王柳江, 等, 2013b. 冻融循环作用下土工袋冻胀量与融沉量试验 [J]. 岩土力学, 34 (9): 2541-2545.

李卓, 盛金宝, 刘斯宏, 等, 2013a. 土工袋防渠道冻胀模型试验研究 [J]. 岩土工程学报, 30 (8): 1455-1463.

刘波, 李岩, 戴华东, 等, 2013. 竖向直排人工冻结施工土体温度及冻胀力 [J]. 煤炭学报, 38 (增): 70-75.

刘东, 胡玉祥, 付强, 等, 2015. 北方灌区混凝土衬砌渠道断面优化及参数分析 [J]. 农业工程学报, 31 (20): 107-114.

刘方成, 尚守平, 王海东, 2011. 粉质黏土-混凝土接触面特性单剪试验研究 [J]. 岩石力学与工程学报, 30 (8): 1720-1728.

刘鸿绪, 朱卫中, 朱广祥, 等, 2001. 再论冻胀量与冻胀力之关系 [J]. 冰川冻土, 23 (1): 63-66.

刘鸿绪, 1981. 法向冻胀力计算-层状空间半无限直线变形体计算在冻土地基中的应用 [J]. 冰川冻土, 3 (2): 13-17.

刘鸿绪, 1990. 对土冻结过程中若干冻胀力学问题的商榷 [J]. 冰川冻土, 12 (3): 269-280.

刘鸿绪, 1993. 对切向冻胀力沿桩侧表面分布的探讨 [J]. 冰川冻土, 15 (2): 289-292.

刘泉声, 黄诗冰, 康永水, 等, 2015. 裂隙岩体冻融损伤研究进展与思考 [J]. 岩石力学与工程学报, 34 (3): 452-471.

刘月, 王正中, 王羿, 等, 2016. 考虑水分迁移及相变对温度场影响的渠道冻胀模型 [J]. 农业工程学报, 32 (17): 83-88.

刘晓洲, 檀永刚, 李洪升, 等, 2013. 水库护坡静冰压力及断裂韧度测试研究 [J]. 工程力学, 30 (5): 112-117.

练继建, 赵新, 2011. 静动水冰厚生长消融全过程的辐射冰冻度-日法预测研究 [J]. 水利学报, 42 (11): 1261-1267.

龙驭球, 1981. 弹性地基梁的计算 [M]. 北京: 人民教育出版社.

木下诚一, 大野武敏, 小黑贡, 1966. 冻土力 II: 现场の测定结果たついて [J]. 低温科学 (物理篇), 24 辑.

木下诚一, 大野武敏, 1963. 冻土力 I: 主た现场调查たついて [J]. 低温科学 (物理篇), 21 辑.

木下诚一, 1985. 冻土物理学 [M]. 王异, 张志权, 译. 长春: 吉林科学技术出版社.

穆祥鹏, 陈云飞, 吴艳, 等, 2018. 冰水二相流渠道流冰输移演变规律及其安全运行措施研究 [J]. 南水北调与水利科技, 16 (5): 144-151.

马巍, 王大雁, 2014. 冻土力学 [M]. 北京: 科学出版社.

毛国新, 程地琴, 2008. 高寒地区混凝土防渗渠道伸缩缝填料选择 [J]. 中国农村水利水电, 57 (8): 117-121.

邱国庆, 周幼吾, 程国栋, 等, 2000. 中国冻土 [M]. 北京: 科学出版社.

渠孟飞，谢强，胡褾，等，2015. 寒区隧道衬砌冻胀力室内模型试验研究 [J]. 岩石力学与工程学报，34 (9)：1894 - 1900.

山西省渠道防渗工程技术手册编委会，2003. 山西省渠道防渗工程技术手册 [M]. 太原：山西科技出版社.

申向东，张玉佩，王丽萍，等，2012. 混凝土预制板衬砌梯形断面渠道的冻胀破坏受力分析 [J]. 农业工程学报，28 (16)：80 - 85.

盛岱超，张升，贺佐跃，2014. 土体冻胀敏感性评价 [J]. 岩石力学与工程学报，33 (3)：594 - 605.

石泉彬，杨平，王国良，2016. 人工冻结砂土与结构接触面冻结强度试验研究 [J]. 岩石力学与工程学报，35 (10)：2142 - 2151.

石泉彬，杨平，于可，等，2018. 冻土与结构接触面次峰值冻结强度 [J]. 岩土力学，39 (6)：1001 - 1010.

宋玲，欧阳辉，余书超，2015. 混凝土防渗渠道冬季输水运行中冻胀与抗冻胀力验算 [J]. 农业工程学报，31 (18)：114 - 120.

苏联科学院西伯利亚分院冻土研究所，1988. 普通冻土学 [M]. 郭东信，刘铁良，张维信，等，译. 北京：科学出版社.

隋铁龄，李大倬，那文杰，等，1992. 季节冻土区挡土墙水平冻胀力的设计取值方法 [J]. 水利学报，16 (1)：67 - 72.

孙呆辰，王正中，娄宗科，等，2012. 高地下水位弧底梯形渠道混凝土衬砌冻胀破坏力学模型探讨 [J]. 西北农林科技大学 (自然科学版)，40 (12)：201 - 206.

孙呆辰，王正中，土义杰，等，2013. 梯形渠道砼衬砌体冻胀破坏断裂力学模型及应用 [J]. 农业工程学报，29 (8)：108 - 114.

孙厚超，杨平，王国良，2015. 冻黏土与结构接触界面层单剪力学特性试验 [J]. 农业工程学报，31 (9)：57 - 62.

孙小菲，吴春生，2000. 箱形截面圆环曲梁内力计算 [J]. 南昌大学学报 (工科版)，22 (3)：66 - 71.

施士昇，1999. 混凝土的抗剪强度、剪切模量和弹性模量 [J]. 土木工程学报，32 (2)：47 - 52.

沈洪道，2010. 河冰研究 [M]. 郑州：黄河水利出版社.

唐少容，王红雨，2016. 三板拼接式小型 U 型混凝土衬砌渠道冻胀破坏力学模型 [J]. 农业工程学报，32 (11)：159 - 166.

唐树春，1993. 作用在基础底面的冻胀应力计算 [J]. 冰川冻土，15 (2)：278 - 282.

田亚护，胡康琼，邰博文，等，2018. 不同因素对排水沟渠水平冻胀力的影响 [J]. 岩土力学，39 (2)：553 - 560.

田亚护，2008. 动、静荷载作用下细粒土冻结时水分迁移与冻胀特性实验研究 [D]. 北京：北京交通大学.

铁摩辛柯，1964. 材料力学 [M]. 萧敬勋，译. 北京：科学出版社.

童长江，管枫年，1985. 土的冻胀与建筑物冻害防治 [M]. 北京：水利电力出版社.

童长江，俞崇云，1982. 论法向冻胀力与压板面积的关系 (法向冻胀力边界效应之一) [J]. 冰川冻土，4 (4)：49 - 54.

王涛，杨开林，郭永鑫，等，2005. 神经网络理论在黄河宁蒙河段冰情预报中的应用 [J]. 水利学报，36 (10)：1204 - 1208.

王斌，2017. U 形渠道衬砌防冻机理与数值模拟研究 [D]. 银川：宁夏大学.

王俊发，马旭，周海波，2006. 混凝土衬砌渠道冻胀破坏的机理与力学分析 [J]. 佳木斯大学学报 (自然科学版)，(24)：308 - 311.

王希尧，1979. 关于渠道衬砌冻害的初步分析 [J]. 水利水电技术，1 (9)：45 - 48.

王希尧，1980. 不同地下水埋深和不同土壤条件下的冻结和冻胀试验研究 [J]. 冰川冻土，3 (2)：40 - 45.

王希尧，1983. 土的冻胀量简易估算 [J]. 水利水电技术，5 (6)：26-31.

王燮山，王绪庆，潘金漾，等，1977. 不同心曲梁的正应力计算 [J]. 力学学报，4 (3)：303-307.

王燮山，1980. 曲梁的正应力计算 [J]. 水利学报，5 (11)：63-68.

王艳杰，2014. 季节性冻土区越冬基坑水平冻胀力研究 [D]. 北京：北京交通大学.

王正中，李甲林，陈涛，等，2008. 弧底梯形渠道砼衬砌冻胀破坏的力学模型研究 [J]. 农业工程学报，24 (1)：18-23.

王正中，刘少军，王羿，等，2018. 寒区弧底梯形衬砌渠道冻胀破坏的尺寸效应研究 [J]. 水利学报，49 (7)：803-813.

王正中，王羿，赵延风，2011. 抛物线形断面渠道正常水深的显式计算 [J]. 武汉大学学报（工学版），44 (2)：175-177.

王正中，袁驷，陈涛，2007. 冻土横观各向同性非线性本构模型的试验研究 [J]. 岩土工程学报，29 (8)：1215-1218.

王正中，张长庆，沙际德，等，1999. 正交各向异性冻土与建筑物相互作用的非线性有限元分析 [J]. 土木工程学报，32 (3)：55-60.

王正中，2004. 梯形渠道砼衬砌冻胀破坏的力学模型研究 [J]. 农业工程学报，20 (3)：24-29.

魏文礼，杨国丽，2006. 立方抛物线渠道水力最优断面的计算 [J]. 武汉大学学报（工学版），39 (3)：159-166.

温智，俞祁浩，马巍，等，2013. 青藏粉土-玻璃钢接触面力学特性直剪试验研究 [J]. 岩土力学，34 (增)：45-50.

文辉，李凤玲，2014. 数值积分法计算抛物线形渠道恒定渐变流水面线 [J]. 农业工程学报，30 (24)：82-86.

肖建章，赖远明，张学富，等，2008. 青藏铁路旱桥冻胀力的弹塑性分析 [J]. 铁道学报，30 (6)：82-87.

吴剑疆，茅泽育，王爱民，等，2003. 河道中水内冰演变的数值计算 [J]. 清华大学学报：自然科学版，43 (5)：702-705.

肖旻，李寿宁，贺兴宏，2011. 梯形渠道砼衬砌冻胀破坏力学分析 [J]. 灌溉排水学报，2 (30)：89-93.

肖旻，王正中，刘铨鸿，等，2016. 开放系统预制混凝土梯形渠道冻胀破坏力学模型及验证 [J]. 农业工程学报，32 (19)：100-105.

肖旻，王正中，刘铨鸿，等，2017a. 考虑地下水位影响的现浇混凝土梯形渠道冻胀破坏力学分析 [J]. 农业工程学报，33 (11)：91-97.

肖旻，王正中，刘铨鸿，等，2017b. 考虑冻土与结构相互作用的梯形渠道冻胀破坏弹性地基梁模型 [J]. 水利学报，48 (10)：1229-1239.

肖旻，王正中，刘铨鸿，等，2018. 考虑冻土双向冻胀与衬砌板冻缩的大型渠道冻胀力学模型 [J]. 农业工程学报，34 (8)：100-108.

肖旻，2011. 塔里木灌区防渗渠道破坏机理及综合防治措施研究 [D]. 阿拉尔：塔里木大学.

徐培林，张淑琴，2002. 聚氨酯材料手册 [M]. 北京：化学工业出版社.

徐学祖，邓友兰，1991. 冻土中水分迁移的实验研究 [M]. 北京：科学出版社.

徐学祖，王家澄，张立新，2001. 冻土物理学 [M]. 北京：科学出版社.

徐学祖，1994. 中国冻胀研究进展 [J]. 地球科学进展，9 (5)：13-19.

许正海，1986. 基底法向冻胀力的近似计算 [J]. 冰川冻土，8 (3)：255-260.

杨晓东，金敬福，2002. 冰的粘附机理与抗冻粘技术进展 [J]. 长春理工大学学报，25 (4)：17-19.

杨晓松，杨保存，王正中，等，2016. 考虑太阳辐射的寒区混凝土衬砌渠道冻害机理 [J]. 长江科学院院报，33 (6)：41-46.

姚直书，程桦，2004. 锚碇深基坑排桩冻土墙围护结构的冻胀力研究 [J]. 岩石力学与工程学报，

23 (9)：1521 – 1524.

叶琳昌，沈义，1987. 大体积混凝土施工 ［M］. 北京：中国建筑工业出版社.

余书超，欧阳辉，孙咏梅，2002. 渠道刚性衬砌层（板）冻胀受力试验与防冻胀破坏研究 ［J］. 冰川冻土，24 (5)：639 – 641.

于天来，袁正国，黄美兰，2009. 河冰力学性能试验研究 ［J］. 辽宁工程技术大学学报：自然科学版，28 (6)：937 – 940.

杨开林，2014. 明渠冰盖下流动的综合糙率 ［J］. 水利学报，45 (11)：1310 – 1317.

杨开林，2016. 长距离输水水力控制的研究进展与前沿科学问题 ［J］. 水利学报，2016，47 (3)：424 – 435.

杨开林，王军，郭新蕾，等，2015. 调水工程冰期输水数值模拟及冰情预报关键技术 ［M］. 北京：中国水利水电出版社.

杨开林，2018. 河渠冰水力学、冰情观测与预报研究进展 ［J］. 水利学报，49 (1)：81 – 91.

张国新，彭静，2001. 考虑摩擦约束时面板温度应力的有限元分析 ［J］. 水利学报，32 (11)：75 – 79.

张建民，王玉蓉，许唯临，等，2005. 恒定渐变流水面线计算的一种迭代方法 ［J］. 水利学报，46 (4)：1 – 5.

张新燕，吕宏兴，2012. 抛物线形断面渠道正常水深的显式计算 ［J］. 农业工程学报，28 (21)：121 – 125.

张钊，吴紫汪，1993. 渠道基土冻结时温度场和应力场的数值模拟 ［J］. 冰川冻土，15 (2)：331 – 338.

张红彪，2016. 黄河冰抗拉强度及断裂初度的劈裂试验研究 ［D］. 大连：大连理工大学.

张小鹏，李洪升，李光伟，1993. 冰与混凝土坝坡间的冻结强度模拟试验 ［J］. 大连理工大学学报，33 (4)：385 – 390.

赵联桢，杨平，王海波，2013. 大型多功能冻土-结构接触面循环直剪系统研制及应用 ［J］. 岩土工程学报，35 (4)：707 – 713.

赵明华，马缤辉，罗松南，2011. 考虑底面摩阻效应的弹性地基梁微分算子级数法 ［J］. 水利学报，42 (4)：469 – 476.

赵鹏，唐红梅，2008. 危岩主控结构面的冻胀力计算公式研究 ［J］. 重庆交通大学学报（自然科学版），27 (3)：420 – 423.

赵延风，王正中，刘计良，2013. 抛物线类渠道断面收缩水深的计算通式 ［J］. 水力发电学报，32 (1)：126 – 131.

郑秀清，樊贵胜，邢述彦，2002. 水分在季节性非饱和冻融土壤中的运动 ［M］. 北京：地质出版社.

中国船舶工业总公司第九设计研究院，1983. 弹性地基梁及矩形板计算 ［M］. 北京：国防工业出版社.

中华人民共和国水利部，2006. 渠系工程抗冻胀设计规范：SL 23—2006 ［S］. 北京：中国水利水电出版社.

周家作，李东庆，房建宏，等，2011. 开放系统下饱和正冻土热质迁移的数值分析 ［J］. 冰川冻土，33 (4)：791 – 795.

周家作，韦昌富，李东庆，等，2017. 饱和粉土冻胀过程试验研究及数值模拟 ［J］. 岩石力学与工程学报，36 (2)：485 – 495.

周有才，1985. 按基础约束范围内冻胀变形计算冻胀力 ［J］. 冰川冻土，7 (4)：335 – 346.

周幼吾，郭东信，邱国庆，2000. 中国冻土 ［M］. 北京：科学出版社.

周长庆，1979. 黏土切向冻胀力的试验研究 ［J］. 低温建筑技术，2 (1)：5 – 14.

周长庆，1981. 关于法向冻胀力计算方法的讨论 ［J］. 冰川冻土，3 (2)：28 – 23.

周长庆，1983. 法向冻胀力作用机制探讨 ［J］. 冰川冻土，5 (2)：31 – 36.

朱强，付思宁，武福学，等，1988. 论季节冻土的冻胀沿冻深分布 ［J］. 冰川冻土，10 (1)：1 – 7.

AMANUMA C, KANAUCHI T, AKAGAWA S, 2017. Evaluation of frost heave pressure characteristics in transverse direction to heat flow ［J］. Procedia Engineering, (1)：461 – 468.

ANWAR A A, DE V T T, 2003. Hydraulically efficient power - law channels [J]. Journal of Irrigation and Drainage Engineering, 129 (1): 18 - 26.

ARSOU L U, SPRINGMAN S M, SEGO D, 2007. The rheology of frozen soils [J]. Applied Rheology, 17 (1): 121 - 147.

BABACYAN K K, VALENTINE E M, SWAILES D C J, 2000. Optimal design of parabolic - bottomed triangle canals [J]. Journal of Irrigation and Drainage Engineering, 126 (6): 408 - 411.

BESKOW G, 1935. Soil freezing and frost heaving with special application to road and railroads [J]. Swedish Geol Survey Yearbook, 26 (3): 375 - 380.

BROUCHKOV A V, 2004. Experimental study of infunce of mechanical properties of soil on frost heaving forces [J]. Journal of Glaclology and Geo - cryology, 26 (supp): 26 - 34.

BROUCHKOV A V, 1998. Frozen saline soils of the Arctic coast: their origin and properties [M]. Moscow: Moscow state university press.

BELTAOS S, 1993. Numerical computation of river ice jams [J]. Canadian Journal of Civil Engineering, 20 (1): 88 - 89.

CHEN X B, WANG Y Q, 1988. Frost heave prediction for clayey soil [J]. Cold Regions Science and Technology, 15 (1): 233 - 238.

DANIELIAN, Y S, YANITCKY P A, et al, 1983. Experimental and theoretical heat and mass transfer research in frozen soils [J]. The Journal of English Geology, 3: 77 - 83.

DAS J A, 2007. Optimal design of channel having horizontal bottom and parabolic sides [J]. Journal of Irrigation and Drainage Engineering, 133 (2): 192 - 197.

DE B R, 1995. Thermodynamics of phase transitions in porous media [J]. Appl Mech Rev, 48 (10): 613 - 622.

DUQUENNOI C, FREMOND M, LEVY M, 1989. Modelling of thermal soil behavior [J]. VTT Symposium, 95: 895 - 915.

EASA S M, 2009. Improved channel cross section with two - segment parabolic sides and horizontal bottom [J]. Journal of Irrigation and Drainage Engineering, 135 (3): 357 - 365.

ERSHOVE E D, 1979. The moisture transfer cryogenic textures in dispersice rock [M]. Moscow: Nauka.

EVERETT D H, 1961. The thermodynamics of frost damage to porous solids [J]. Transactions of Faraday Society, 57: 1541 - 1551.

EINSTEIN H A, 1942, Method of calculating the hydraulic radius in a cross section with different roughness Appen II of the paper "Formulas for the transportation of bed load" [J]. Trans ASCE, 107.

EDWARD P, FOLTYN, SHEN H, 1986. St. Lawrence River Freeze-Up Forecast [J]. Journal of Waterway Port Coastal and Ocean Engineering, 112 (4): 467 - 481.

FENG Q, JIANG B, ZHANG Q, 2014. Analytical elasto - plastic solution for stress and deformation of surrounding rock in cold region tunnels [J]. Cold Regions Science and Technology, 108 (1): 59 - 68.

FENG Q, LIU W, JIANG B, 2017. Analytical solution for the stress and deformation of rock surrounding a cold - reginal tunnel under unequal compression [J]. Cold Regions Science and Technology, 139 (1): 1 - 10.

FOWLER A C, NOON C G, 1993. A simplified numerical solution of the Miller model of secondary frost heave [J]. Cold Regions Science and Technology, 21 (1): 327 - 336.

FRIZE P, 1984. An analytical for axisymmetric tunnel problems in elasto - viscoplastic media [J]. International Journal for Numerical & Analytical Methods in Geomechanics, 8 (3): 325 - 342.

GAO G Y, CHEN Q S, ZHANG Q S, 2012. Analytical elastic - plastic solution for stress and plastic zone of surrounding rock in cold region tunnel [J]. Cold Regions Science and Technollogy, 72 (1): 50 - 57.

GILPIN R R, 1980. A model for the prediction of ice lensing and frost heave in soils [J]. Water Resources Research, 16 (5): 918 - 930.

GOLD L W, 1957. A possible force mechanism associated with the freezing of water in porous materials [J]. Highway Research Board Bulletin, 168.

GRECHISCHEV S E, CHISTOTIONOV L E, SHUR Y L, 1980. Cryogenic physic-geological processes ant their prediction [M]. Moscow: Nedra.

HAN Y, 2015. Horizontal bottomed semi-cubic parabolic channel and best hydraulic section [J]. Flow Measurement and Instrumentation, 45: 46 - 61.

HAN Y C, XU ZH H, EASA S M, et al, 2017. Optimal hydraulic section of ice-covered open trapezoidal channel [J]. Journal of Cold Regions Engineering, 31 (3).

HARLAN R. L, 1973. Analysis of coupled heat-fluid transport in partially frozen soil [J]. Water Resources Research, 9 (5): 1314 - 1323.

HOPKE S W, 1980. A model for frost heave including overburden [J]. Cold Regions science and Technology, 14 (3): 13 - 22.

JACKSON K, CHALMERS B, 1958. Freezing of liquids in porous media with special reference to frost heave in soil [J]. Journal of Applied Physics, 29 (8): 1178 - 1181.

JACKSON K, UHLMANN D R, CHALMERS B, 1966. Frost heave in soils [J]. Journal of Applied Physics, 37 (2): 848 - 852.

KONRAD J M, MORGENSTERN N R, 1981. The segregation potential of a freezing soils [J]. Canada Geotechnical Journal, 17: 473 - 486.

KONRAD J M, MORGENSTERN N R, 1982. A mechanistic theory of ice formation in fine grained soils [J]. Canada Geotechnical Journal, 19: 495 - 505.

KONRAD J M, 2005. Estimation of the segregation potential of fine-grained soils using the frost heave response of two reference soils [J]. Canada Geotechnical Journal, 42: 38 - 50.

LARSEN P A, 1969. Head losses caused by an ice cover on open channels [J]. Journal of the Boston Society of Civil Engineers, 56 (1): 45 - 67.

LAI Y M, LIU S Y, WU Z W, 2002. Approximate analytical solution for temperature fields in cold regions circular tunnels [J]. Cold Regions Science and Technology, 34 (1): 43 - 49.

LAI Y M, WU H, WU ZW, 2000a. Analytical viscoelastic solution for frost force in cold-region tunnels [J]. Cold Regions Science and Technology, 31 (3): 277 - 234.

LAI Y M, WU Z W, ZHU Y L, 2000b. Elastic visco - plastic analysis for earthquake response of tunnels in cold regions [J]. Cold Regions Science and Technology, 31 (2): 175 - 188.

LEONID B, KORIN E, 1997. Kinetic model for crystallization in porous media [J]. International Journal of Heat Mass Transfer, 40: 1053 - 1059.

LEONID B, REGINA B, 2010. Modeling frost heave in freezing soils [J]. Cold Regions and Technology, 61 (3): 43 - 64.

LEONID B 2009. The modelling of the freezing process in fine-grained porous media: Application to the frost heave estimation [J]. Cold Regions and Technology, 56 (3): 120 - 134.

LINELL K A, KAPLAR C W, 1959. The factor of soil and material type in frost action [J]. Highway Research Board Bulletin, 225 (1): 81 - 125.

LOGANATHAN G V, 1991. Optimal design of parabolic canals [J]. Journal of Irrigation and Drainage Engineering, 117 (5): 716 - 735.

LIU ZHEN, YU X, 2011. Coupled thermo-hydro-mechanical model for porous materials under frost ac-

tion: theory and implementation [J]. Acta Geotechnica, 6 (2): 51 – 65.

LI S Y, ZHANG M Y, TIAN Y B, et al, 2015. Experimental and numerical investigations on frost damage mechanism of a canal in cold regions [J]. Cold Regions Science and Technology, 116: 1 – 11.

LIU Q H, WANG Z Z, LI Z C, et al, 2019. Transversely isotropic frost heave modeling with heat-moisture-deformation coupling [J]. Acta Geotechnica: 1 – 15.

MICHALOWSKI R L, ZHU M, 2006. Frost heave modelling using porosity rate function [J]. International Journal for Numerical and Analytical Methods in Geomechanics, 30 (8): 703 – 722.

MICHALOWSKI R L, 1993. A constitutive model of saturated soils for frost heave simulation [J]. Cold Regions Science and Technology, 22 (1): 47 – 762.

MILER R, 1972. Freezing and heaving of saturated and unsaturated soils [J]. Highway Research Record, 393.

MIRONENKO A P, WILLARDSON L S, JENAB S A J, 1984. Parabolic canal design and analysis [J]. Journal of Irrigation and Drainage Engineering, 110 (2): 241 – 246.

NARVYDAS E, PUODZIUNIENE, 2012. Stress concentration at the shallow notches of the curved beams of circular cross-section [J]. Mechanika, 4: 398 – 402.

NIE G, ZHENG Z, 2012. Exact solutions for elastoplastic stress distribution in functionally graded curved beams subjected to pure bending [J]. Mechanics of Advanced Materials and Structures, 19 (6): 474 – 484.

NIXON J F, 1991. Discrete ice lens theory for frost heave in soil [J]. Canadian Geotechnical Journal, 28: 843 – 859.

O'NEILL K, MILLER R D, 1985. Exploration of a rigid ice model of frost heave [J]. Water Resources Research, 21 (3): 281 – 296.

O'NEILL K, 1983. The physics of mathematical frost heave models: A review [J]. Cold Regions Science and Technology, 6 (3): 275 – 291.

PADIALLA F, VILLENEUVE J P, 1992. Modeling and experimental studies of frost heave including solute effects [J]. Cold Regions Science and Technology, 20 (3): 193 – 194.

PENNER E, 1970. Frost heaving forces in leda clay [J]. Canadian Geotechnical Journal, 7 (8): 8 – 16.

PENNER E, 1986. Aspect of ice lens growth in soils [J]. Cold Regions Science and Technology, 31 (3): 91 – 100.

PEPPIN S, STYLE R, 2013. The physics of frost heave and ice-lens growth [J]. Vadose Zone J, 2: 1 – 12.

RAJANI B, MORGENSTERN N, 1994. Comparison of predicted and observed response of pipeline to differential frost heave [J]. Canada Geotechnical Journal, 31 (6): 803 – 816.

SATOSHI A 1988. Experimental study of frozen fringe characteristics [J]. Cold Regions Science and Technology, 31 (3): 91 – 100.

SELVADURAL A P S, SHINDE S H, 1993. Frost heave induced mechanics of buried piepelines [J]. Journal of Geotech-nical Engineering, ASCE, 119 (12): 1929 – 1952.

SELVADURAL A P S, 1979. Elastic analysis of soil-foundation interaction [M]. New York: Elsevier Scientific Publishing Company.

SABANEEV A A, 1948. On the computation of a uniform flow in a channel with non-uniform walls (in Russian) [R]. Transactions, Leningrad Polytechnical institute, No. 5.

SHENG D C, ZHANG S, Yu Z W, 2013. Assessing frost susceptibility of soils using PCHeave [J]. Cold Regions Science and Technology, 57 (1): 27 – 38.

SHENG D, AXELSSON K, KNUTSSON S, 1995. Frost heave due to ice lens formation in freezing soils 1, Theory and verification [J]. Nordic Hydrolgy, 26 (2): 125 – 146.

SHENG D, AXELSSON K, KNUTSSON S, 1995. Frost heave due to ice lens formation in freezing soils

2, Field application [J]. Nordic Hydrolgy, 26 (2): 125 – 146.

SHEN H T, 2010. Mathematical modeling of river ice processes [J]. Cold Regions Science and Technology, 62 (1): 3 – 13.

SHEN H, WANG D, LAL A M W, 1995. Numerical simulation of river ice processes [J]. Journal of Cold Regions Engineering, ASCE, 9 (3): 107 – 118.

TABER S, 1929. Frost heaving [J]. The Journal of Geology, 37: 428 – 461.

TABER S, 1930. The mechanics of frost heaving [J]. The Journal of Geology, 38 (4): 428 – 461.

TALAMUCCI F, 2003. Freezing process in porous media: formation of ice of lenses, swelling of the soil [J]. Journal of Mathematical and Computational Model, 37: 595 – 602.

TALOR G S, LUTHIN J N, 978. A model for coupled heat and moisture transfer during soil freezing [J]. Canadian Geotechnical Journal, 15: 548 – 555.

U. S. Army Corps of Engineers, 2013. Engineering and Design Ice Engineering [M]. Washington: Department of the Army.

WANG T, YANG K L, GUO Y X, 2008. Application of artificial neural networks to forecasting ice conditions of the Yellow River in the Inner Mongolia Reach [J]. Journal of Hydrologic Engineering, ASCE, 13 (9): 811 – 816 .

YU A, 2002. Study on normal stresses in composite curved beams subjected to unsymmetrical bending [J]. Engineering transactions, 50 (3): 177 – 185.

ZHU B, 2014. Thermal stresses and temperature control of mass concrete [M]. Beijing: TsingHua University Press.

ZHU Q, 1991. Frost heave prevention measures for canal linings in China [J]. Irrigation and Drainage System, 5: 293 – 306.

ZHUO L, SIHONG L, YOUTING Y, 2013. Numerical study on the effect of frost heave prevention with different canal lining structure in seasonally frozen ground regions [J]. Cold Regions Science and Technology, 85: 247 – 555.

ZUFELT J E, ETTEMA R, 2000. Fully coupled model of ice – jam dynamics [J]. Journal of Cold Regions Engineering, ASCE, 14 (1): 24 – 41.